天然绿色食品
——蜗牛养殖技术

主　编　蒋业林
[法] 让-克洛德·博内 (Jean-Claude Bonnet)

海洋出版社
2016年·北京

图书在版编目（CIP）数据

天然绿色食品：蜗牛养殖技术／（法）让－克洛德·博内（Jean－ClaudeBonnet），蒋业林主编．—北京：海洋出版社，2016.7

ISBN 978－7－5027－9432－3

Ⅰ．①天… Ⅱ．①让… ②蒋… Ⅲ．①蜗牛－养殖 Ⅳ．①S865.9

中国版本图书馆 CIP 数据核字（2016）第 173165 号

责任编辑： 杨海萍　杨　明
责任印制： 赵麟苏

海洋出版社　出版发行

http://www.oceanpress.com.cn

北京市海淀区大慧寺路 8 号　邮编：100081

北京朝阳印刷厂有限责任公司印刷　新华书店北京发行所经销

2016 年 8 月第 1 版　　2016 年 8 月第 1 次印刷

开本：880mm×1230mm　1/32　印张：6.25　彩图：9

字数：174 千字　　定价：30.00 元

发行部：62132549　邮购部：68038093　总编室：62114335

海洋版图书印、装错误可随时退换

1. 美洲路蜗牛壳
2. 螺旋散大小灰蜗牛壳
3. 螺旋散大大灰蜗牛壳
4. 法国勃艮第地区罗曼蜗牛壳
5. 土耳其亮大蜗牛壳
6. 非洲大蜗牛壳
（照片由珍妮·博内拍摄）

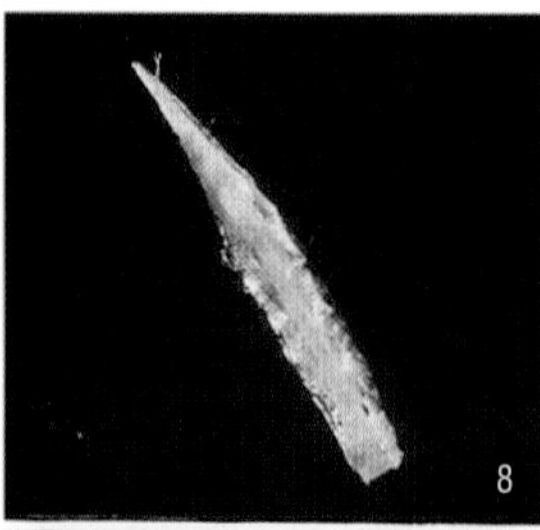

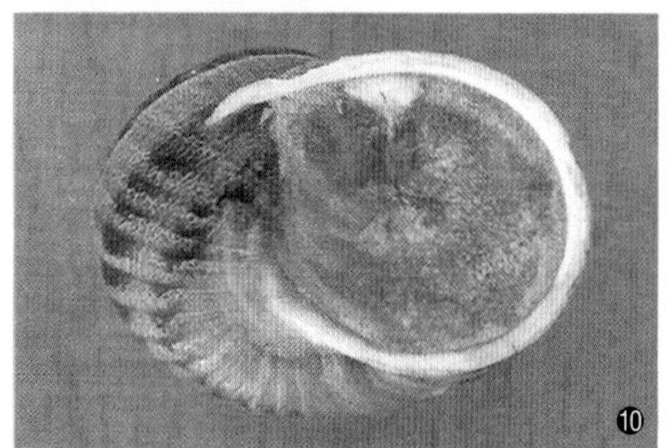

7. 两只交配中的小灰蜗牛
8. 性刺激针
9. 产卵中的蜗牛
10. 生成盖膜的蜗牛
11. 一团蜗牛卵
12. 新生小蜗牛
（照片由珍妮·博内拍摄）

13. 冬眠室
14. 横架上的繁殖箱
15. 繁殖吊床
16. 横架上的育苗箱
17. 小型与大型户外育肥地
（照片由珍妮·博内拍摄）

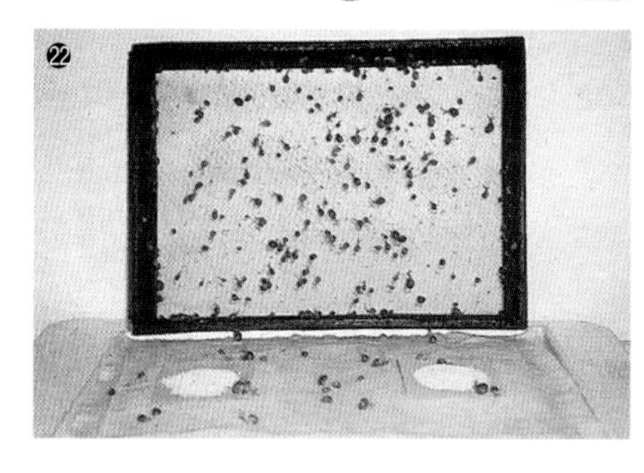

18. 繁殖箱内部
19. 繁殖吊床内部
20. 产卵盒中的含基质孵化
21. 无基质孵化
22. 育苗内部
23. 户外育肥地里生长的蜗牛
24. 大型户外育肥地内部
（照片由珍妮·博内拍摄）

25. 突尼斯保温大棚养殖
26. 突尼斯室内养殖箱
27. 突尼斯室外养殖遮阳保温木板
28. 法国室内养殖箱
29. 法国室内自动化养殖设施
30. 法国室外田园养殖

31~32. 法国养殖电子防浸设施
33~34. 法国蜗牛养殖交配与产卵
35~36. 法国大棚种养殖

37~40. 中国室内温室养殖　　41~42. 中国蜗牛养殖产卵与孵化　　43~44. 田园种养

2015 年 12 月 7—21 日安徽省农科院蒋业林、陈宇、王永杰、候冠军、张静、陈红莲赴法国之行——“蜗牛自动化养殖与食品生产技术引进”出国培训项目，参观、学习交流和考察了巴黎百年金蜗牛餐厅 L'escargot Montorgueil、法国国家自然科学博物馆、巴黎大区 77 省的 L’ Escargot de France Janic 蜗牛养殖基地、巴黎大区 78 省的 Les escargots de M.Devaux 蜗牛养殖与销售公司、波尔多的 SARL L’ Escargot du terroir 等蜗牛养殖基地和加工厂。本书主编蒋业林与 Jean-Claude Bonnet 在法国巴黎和波尔多进行蜗牛养殖、加工的交流与探讨，并磋商下一步合作计划（上图左起依次为张静、蒋业林、Jean-Claude Bonnet、Louis-Marie Guedon、陈宇、侯冠军、王永杰、陈红莲）

作者等在法国西南地区 Escargots à la Bordelaise ferme 参观蜗牛养殖基地和蜗牛标准化室内养殖场

《天然绿色食品——蜗牛养殖技术》
编委会

主　编　蒋业林

［法］让－克洛德·博内（Jean－Claude Bonnet）

编　委　张　静

［法］皮埃里克·阿皮内尔（Pierrick Aupinel）

侯冠军

［法］让－路易·维里翁（Jean－Louis Vrillon）

程云生

李洁琼

蒋婧玲

王　芬

序

蜗牛（Fruticicolidae）是世界四大名菜之首（蜗牛、鱼翅、干贝、鲍鱼），国际市场七种走俏野味之一。高蛋白，低脂肪，无胆固醇，富含人体所必需的 18 种氨基酸和多种微量元素，且比例合理，符合联合国粮农组织和世界卫生组织建议（FAO）的氨基酸模式，成为世界科学家、营养学家和食品专家公认的纯天然绿色食品。从蜗牛中提取蜗牛酶等生物活性物质也具有很好的开发前景。

风靡欧美和日本的蜗牛食品已经逐步被我国大众所接受。白玉蜗牛是我国培育的蜗牛新品种，肉质细嫩、雪白、个体大，在国际市场上具有很强的竞争力。邓小平曾赞美说："蜗牛菜弥补了国内一项空白，要很好地发展。"著名营养学家于若木题词——"蜗牛开发，前景广阔"。由于蜗牛具有很高的营养价值和药用价值，国内外需求量与日俱增，已成为我国重要的出口创汇和内需型产品。蜗牛食品已成为大中城市宾馆、酒楼的美味佳肴。目前我国蜗牛年总产量约几十万吨，与市场的需求相差甚远，需要加快发展。

发达国家在生产和加工方面技术先进，尤其法国的研究和生产水平处于世界领先地位，在营养饲料的均衡配制、人工创造冬眠环境、提高繁殖率、卵与胚胎发育条件、遗传改良与养殖设备装备等方面，不断创新优化，值得我们学习和借鉴。目前我国江苏、浙江、上海、福建、北京、安徽等地养殖户大都采用室内和室外养殖相结合的方法，在不断优化养殖技术的基础上，开发新型加工产品，目前已有超过 20 种产品投放市场，深受消费者欢迎。

蜗牛产品符合天然化、野味化、营养化、保健化的消费潮流，

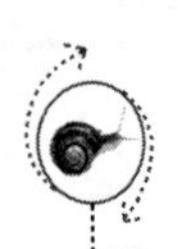

养殖蜗牛是一项投资少、见效快、易推广的特种养殖项目。为指导我国蜗牛生产技术健康发展，本书以法国多年的研发及与中国的合作研发工作为基础，结合中国养殖实践，系统地介绍了蜗牛的科学生产技术，很有参考价值。

安徽省农业科学院院长
研究员　杨剑波

前　　言

1980 年，人们对于小灰蜗牛的认识还停留在基础阶段，一些解剖研究却已开始。由此，我们研究了小灰蜗牛生殖腺、生殖道的结构及功能运转，肾的功能运转和神经、心脏生理系统。然而，对于该类蜗牛在生态学、生理生态学方面的研究却寥寥无几。即使有一些公司和个体户在销售蜗牛养殖设备和现成的养殖房，但养殖现象在那时是不存在的。

为了发展真正的蜗牛养殖产业，将产业扶上正轨，第一步便要着手认真研究蜗牛的生物学和生理生态学。为此，一方面雷恩大学动物学、生理生态学实验室与法国农业科学研究院强强联手，不遗余力地展开研究；另一方面法国马涅罗实验站的创立使我们能够探究小灰蜗牛的主要畜牧学特征，以便总结出正确可靠的养殖技术。雷恩大学及法国农科院研究员、技术员共同打造了一支组织严密、协调有力的团队，其研究从实验室到实际养殖，充分结合了理论与实践。另外，随着研究结果的产生，中间机构“法国家禽生产技术研究所”会在法国不同城市召开国家年度信息交流会，在其技术报刊上刊登报告，以此将结果告知蜗牛养殖者。

一些不同主题的研究陆续展开，主要有：生态学、行为表现与活动、最佳繁殖和生长条件（温度、适度、光照、密度）、寄生现象、喂食、生物钟学。通过这些研究，我们拓展了关于这类腹足纲的生物学知识，加深了对它的了解。我们的工作推动了 8 篇（其中 5 篇博士论文）重要文章的发表，它们大大启发了本书的创作。

多承研究工作与蜗牛养殖者间的紧密合作，新养殖模式发展突

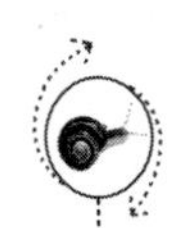

飞猛进。1981年以来，超过27 000人参观了马涅罗实验站，其目的在于拥有一个蜗牛养殖参考模板。

目前，在雷恩大学生态生理学及动物学实验室和法国农科院马涅罗实验站的研究仍在继续，主要涉及营养、冬眠、卵与胚胎发育、遗传学与养殖设备等方面。我国不论是研究水平还是生产水平，当前在该产业都处于领先地位。蜗牛养殖者现可依靠养殖为生，蜗牛养殖业发展由乌托邦转为现实。这一成功首先归功于不同组织（大学、农科院）的研究员、技术研究所负责人、各个政府部门及专家之间的密切合作。事实上，若我们把贝类养殖也算在内，就会发现双壳类软体动物的养殖（牡蛎养殖、贻贝养殖、帘蛤养殖）统治了整个产业，在不久的将来，腹足纲的生产（现在主要为鲍鱼）也会随着蜗牛养殖业的兴起而快速发展。这一新型生产还需大量研究，不仅是对于动物本身，还是对于养殖场的管理。许多国家紧随脚步，开始对蜗牛养殖活动产生兴趣，法国若想保住蜗牛第一生产国的地位，稳坐世界蜗牛养殖科技中心的交椅，就必须锲而不舍、再接再厉。

本书历经十年研究而著，十年间法国农科院、雷恩大学和养殖者在科学技术上精诚合作。结合最新的科技、经济数据，将打造成为一本为蜗牛先锋养殖业务爱好者和专业养殖人员量身定做的完整信息工具书。

雷恩第一大学教授　雅克·达居藏

目　录

第一章　历史与分类 ……………………………………………… (1)

第一节　蜗牛的历史与神话 …………………………………… (1)

第二节　中国蜗牛养殖简史与现状 …………………………… (4)

第三节　词源学 ………………………………………………… (6)

第四节　蜗牛主要养殖种类 …………………………………… (7)

第二章　蜗牛的生物学与养殖学知识 ……………………………… (15)

第一节　小灰蜗牛生物学和养殖学……………………………… (15)

第二节　白玉蜗牛生物学及养殖技术…………………………… (65)

第三节　喂食与饲料营养 ……………………………………… (111)

第三章　经济方面 ………………………………………………… (121)

第一节　法国蜗牛市场 ………………………………………… (121)

第二节　关于养殖方面的经济数据 …………………………… (133)

第三节　资产负债表与可进步空间 …………………………… (135)

第四章　烹饪方面 ………………………………………………… (138)

第一节　卫生 …………………………………………………… (138)

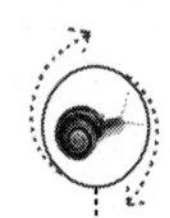

第二节　营养 …………………………………………… (139)
第三节　药用价值 ………………………………………… (140)
第四节　美味 …………………………………………… (141)

附　录 …………………………………………………… (154)
附录一　法兰西岛蜗牛养殖技术与生物学介绍 …… (154)
附录二　中国白玉蜗牛养殖可行性简析 …………… (161)
附录三　法国蜗牛专业组织 ………………………… (164)
附录四　法国蜗牛养殖者得到农业部贷款资助的条件 ……………………………………………… (167)
附录五　法国国家蜗牛采集规定 …………………… (174)

参考文献 ………………………………………………… (177)

后　记 …………………………………………………… (187)

第一章　历史与分类

内容提要： 蜗牛的历史与神话；中国蜗牛养殖简史与现状；词源学；蜗牛主要养殖种类

第一节　蜗牛的历史与神话

在古老的神话故事中，我们的祖先常常对蜗牛充满幻想。

一、它象征挑战

克里斯当杰（Christinger）于四世纪的希腊神话中向我们讲述了这样一个故事：在代达罗斯（Dédale）建造迷宫时，米诺斯（Minos）带来一只蜗牛，承诺道：只要有人能将一根线穿过蜗牛的螺旋形贝壳，就可获得丰厚的奖赏。代达罗斯轻松地将一根丝线固定在蚂蚁身上，让蚂蚁穿过了蜗牛壳。这个故事在阿波罗多洛斯（Apollodore）的著作中也有叙述，可追溯到公元前150年。

二、它引导战士走向胜利

萨卢斯特（Salluste）（公元前87—前35年）在“朱古达战争”中描写了一名士兵为取水走出兵营，后尾随一群蜗牛，最终找到了围攻敌军要塞的突破口，而此要塞正是他们垂涎已久的。

“一天，一名普通的辅助部队士兵——一个利古里亚人，走出

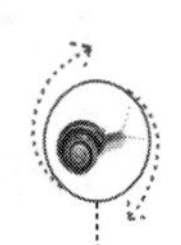

兵营去取水。山的一侧是敌守我攻的两军战场。在另一侧的不远处，他发现一群蜗牛在岩石间爬行，于是一一拾起它们，一个，接着又一个，越来越多，这种采集的热情几乎把他带到了山顶。岩石间生长着一棵巨大的绿橡树，底部稍稍倾斜，向上渐渐弯曲，最后变为笔直，遵循着植物生长的规律。这个利古里亚人一见四下无人，便有了一种想要克服困难的愿望。他一会儿借助树枝，一会儿借助岩石凸出的地方，竟然爬上了敌军要塞的平台，而此时正在另一侧坚守要塞的努米底亚部队却浑然不知。为了将来的行动，他记下了所有有用的细节，然后沿原路返还。”

三、蜗牛是坚韧的运动者

蜗牛与鼻涕虫一样，腹面有长而扁平的足，借肌肉收缩而前进，前进时分泌黏液，干后闪闪发亮。我们可以做一个有趣的观察实验，测定蜗牛爬行速度：把一只蜗牛放在干燥地面，它每分钟移动 9 ~ 13 厘米；爬到遮阴地面时速度减慢，每分钟移动 6 ~ 8 厘米；再爬到有薄水层的地面时速度加快，每分钟滑行 25 ~ 30 厘米。西方有些国家每年都举行蜗牛赛跑。1985 年西班牙举行蜗牛赛跑，有 8 个国家 68 只蜗牛参加，在竞赛角逐中，西班牙一只参赛蜗牛获得冠军，它在 5 分钟内跑完了 124 厘米。

《蜗牛与黄鹂鸟》是一首流行于台湾的叙事性民歌，歌曲讲述了蜗牛在葡萄树刚发芽的时候就背着重重的壳往上爬，歌颂了蜗牛坚持不懈的进取精神。歌曲的旋律轻松活泼，歌词生动有趣，隐喻着日常生活中人们不畏艰难、对奋斗目标执著追求的顽强精神。

四、从神话故事到蜗牛食用风俗

早在 2000 年前蜗牛就是节日美食，据考古学家在原始人洞穴中发现的蜗牛壳来看，人类食用蜗牛始于史前时代。

安德烈（André）认为，自公元前 5 世纪起，蜗牛就被证明是希腊和罗马的一道美食。瓦罗（Varron）在《论乡村农艺》中也有谈论，而老普林尼（Pline l'Ancien）则在他的自然历史中叙述道："与庞贝大将军的内战爆发前不久，菲尔维于斯·伊尔皮尼斯在塔奎尼亚自己的领地里创办了一些蜗牛养殖场。他对蜗牛进行了分类：有起源于历史战场的白蜗牛、体积最大的伊利里亚蜗牛、产量最丰富的非洲蜗牛、还有最著名的索丽塔蜗牛。他设想用热葡萄酒、面粉及其他食材喂养蜗牛，使其成为一道名菜，为酒馆招揽生意。"

在养殖的热情下，蜗牛的生长速度惊人。瓦罗发现一些蜗牛壳，每一个有20塞蒂尔①的容量；马克罗布（Macrobe）同样回忆起这种让他吃惊的养殖结果；而根据安德烈所述，闻名遐迩的厨师阿比修斯（Apicius）将蜗牛放入牛奶中去味，几天之后再拿出油炸或烘烤。

五、蜗牛也是一种受欢迎的产品

在罗马市场上，蜗牛经济实惠，4但尼尔（旧时法国辅币，12但尼尔为1苏，20苏为1法郎）能买20只大蜗牛或40只小蜗牛，相当于二等无花果的价格。

相比于其他肉类，蜗牛有着巨大的优势。

六、活蜗牛可被储存

这一特点很早就被利用：自中世纪起，修士在修道院建立一些仓库，于粮足时存入蜗牛，以便缺粮时食用。

革命爆发前夕，人们在拉罗谢尔附近圈养蜗牛，从这里向西印度群岛和塞内加尔大量出口。散大蜗牛中的"小灰蜗牛"为在拉罗谢尔补充粮食的西班牙、葡萄牙水手所熟知，并成为了他们在船上的"新鲜肉类"贮备。如今生活在西印度群岛的小灰蜗牛很可能起源于这个时期的拉罗谢尔。

① 根据1988年法国百科全书，1塞蒂尔=0.548升，此处的贝壳容量超过10升，具有夸张成分。

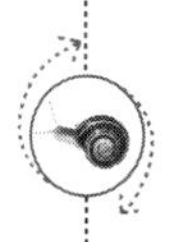

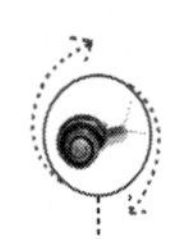

七、它拥有商业价值

19 世纪末，法国贝类公司副总裁劳卡德（Locard）在《可食用软体动物与牡蛎》一书中告诉我们，蜗牛在法国已形成真正的商业贸易，每一种蜗牛所包含的商业价值在法国的不同地区也有所不同。商品化程度最高的是勃垦第蜗牛（罗曼蜗牛）和小灰蜗牛（散大蜗牛）。100 只小灰蜗牛价格在 40 ~ 50 生丁（法国辅币，100 生丁为 1 法郎），相当于 12 只勃垦第蜗牛的价格（1890 年波尔多市场行情）。在中国新鲜活蜗牛价格在每吨 30 000 元以上。

今日“蜗牛养殖”的概念出现于 20 世纪初。1909 年德·诺德（De Noter）的《蜗牛养殖与产业》出版，1911 年布瓦梭（Boïsseau）与拉诺尔维尔（Lanorville）对蜗牛烹调知识首次做出总结，1955 年卡达特（Cadart）的《法国蜗牛：生物学、养殖、圈养、历史、美食、贸易》出版。这些第一批问世的技术书籍概括了实际操作方法，已给出蜗牛养殖的资产负债表，并给予业余爱好者不同的养殖建议。书中描述的户外粗犷型放养模式，在养殖地的概念上与真正的蜗牛养殖模式是差不多的。然而，这些书籍的出版并未相应地推动蜗牛生产发展。所幸这种情况在法国2、3 年前已发生改变，如今养殖者在生产上都取得了经济效益。

第二节　中国蜗牛养殖简史与现状

蜗牛在我国用以食用和药用历史悠久。2 000 多年前的《尔雅》“释鱼篇”中详细地记载了蜗牛。公元前 6 世纪，陶弘景的《名医别录》就记录了蜗牛治病的实例。公元 1774 年，明代的李时珍在《本草纲目》中较详细地记述了蜗牛的形态及药用价值。20 世纪以来，不少科学家对蜗牛的研究曾做出了很多贡献，尤其对蜗牛的养殖与应用均做过不懈的努力，但一直未取得突破性的进展，直到80年代前，我国大陆蜗牛的产量及出口的数量还很小，出口量不及我国台湾省的1/10。但自80年代末期，当人们对蜗牛进行了全面地分析和化验后，发现其体内含有20种氨基酸、30多种酶以及血液凝集素等，真正了解了蜗牛对人类的价值与作用后，蜗牛的养殖业才蓬勃发展起来，并逐渐成为我国城乡日益兴旺的一项家庭副业。

目前，河北、广东、福建、上海、浙江、湖北、海南、江苏、河南、山东、湖南、四川、辽宁、内蒙古、甘肃、安徽等20多个省市区均出现了人工饲养蜗牛热潮，并向规模化、产业化方向发展。我国的蜗牛养殖正在赶超世界先进水平，经过多年的发展，内地主要蜗牛养殖区域位于浙江省嘉兴市，有蜗牛之乡的余新镇。根据资料显示，在嘉兴市地区的三家企业（嘉兴市南湖区余新江南蜗牛养殖基地，嘉兴市宏福蜗牛养殖有限公司，嘉兴市潜福食品有限公司）不仅在当地起着龙头企业的作用，甚至在全国都数一数二。

在白玉蜗牛还没有诞生之前，许多国家都以饲养褐云玛瑙蜗牛为主，因为它繁殖快、抗病能力强、易饲养，而且营养成分又最丰富。自从白玉蜗牛被选育出来后，由于它不仅具有褐云玛瑙蜗牛的一切优点，而且色泽鲜美如玉，因此，许多国家都予以进口。此后，白玉蜗牛便风靡于全世界。

中国白玉蜗牛的发展加速了白玉蜗牛的养殖与开发。在很短的时间内由于众多的专家与学者的共同努力，不仅摸清了白玉蜗牛生活习性与繁殖规律，而且全面化验了白玉蜗牛的营养成分，并根据它的营养价值开发了一系列的蜗牛产品并出口到东南亚及欧美各国。因此，蜗牛的养殖与开发利用，既可以说是传统的古老项目，也可以说是新型的高科技项目。

国外对蜗牛的研究比我国早一些，大约在18—19世纪，欧美一些国家的学者开始研究，但是发展和利用领先于我国。近几年

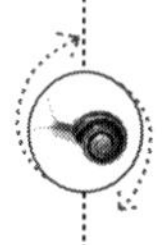

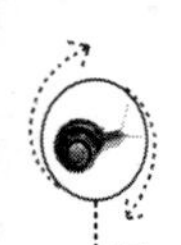

来，许多发展中国家利用本国的资源，加速发展蜗牛养殖业、加工业，并使之成为重要的出口创汇项目。

蜗牛的营养成分非常丰富，蜗牛肉中的蛋白质、香豆精、生物碱、有机酸等元素都比甲鱼、猪肉和一切蛋类食品中的含量高，尤其是蛋白质含量居世界动物之首。它的绝大部分生化指标都大大高于被誉为21世纪保健食品的螺旋藻。蜗牛身上的高蛋白、高钙质、低脂肪、低胆固醇对人类健康很有好处，其营养成分都是人最为需要而从其他食物中又难以摄取的。从蜗牛蛋白腺中提取出的凝集素对血液研究有很大的应用价值，每一克凝集素在国际市场的价格远远超过黄金的价格，所以蜗牛素有“软黄金”之称。

此外，从蜗牛中提取的蜗牛酶还是医学界、生物界、纺织业、化妆品业及酿造业等许多行业的重要工艺原料。因此，养殖蜗牛的商业价值是十分可观的。

蜗牛是一种陆生软体动物，常见的品种有同型巴蜗牛、非洲大蜗牛和灰蜗牛以及中华白玉蜗牛、野生玛瑙蜗牛、散大蜗牛、亮大蜗牛、褐云玛瑙蜗牛、盖罩大蜗牛、苹果蜗牛等。其生活习性及防治方法相似。蜗牛并非全是有害生物。

第三节　词源学

西班牙语词汇“caracol”很可能是法语词汇“escargot”（意思为：蜗牛）的起源，由于西班牙和葡萄牙水手在拉罗谢尔补充粮食，故经过此地传入法国。

除此之外，蜗牛还有其他称呼，譬如：“hélice”（根据蜗牛壳形状命名）、“limaçon”和“limaçon”。

在不同地区蜗牛叫法还不一样。小灰蜗牛在以下地区分别有不同的名字：“hélice chagrine”“luma”“limat”“tapada”（普罗旺斯）“cagouille”（波尔多—夏朗德）“carago”（马赛）“luma”（普瓦图）“cacalan”（普罗旺斯）“cantareu”（尼斯）“casaraulau”（朗格多克）“casaulada”（鲁西荣）。

“luma”这个词可能源于意大利词汇“Lumace”。

蜗牛并不是生物学上一个分类的名称，一般是指腹足纲的陆生所有种类。一般西方语言中不区分水生的螺类和陆生的蜗牛，汉语中蜗牛只指陆生种类，虽然也包括许多不同科、属的动物，但形状都相似。蜗牛属于软体动物，腹足纲；取食腐烂植物质，产卵于土中。

第四节　蜗牛主要养殖种类

蜗牛是陆生贝壳类软体动物，从旷古遥远的年代开始，蜗牛就已经生活在地球上。蜗牛的种类很多，越过 25 000 种，陆地上生活的螺类约 22 000 种，遍及世界各地，大多数蜗牛均有毒，不可食用，目前世界上能食用并进行人工养殖的是欧洲蜗牛科和玛瑙蜗牛科。

一、分类

蜗牛属于动物界、软体动物门、腹足纲、肺螺亚纲、柄眼目、大蜗牛科，英文名 Snail，是一种身体柔软、没有骨架的动物。它的内脏团相对于腹足扭曲了 180°，因此部分器官或多或少有些不对称。这一解剖学特征将蜗牛划分到腹足纲（图 1.1）。

蜗牛拥有一个肺（或外套腔），因此划分到肺螺亚纲，属于眼睛生长在触角末端的柄眼目。它的贝壳呈螺旋形，这是大蜗牛超科的特征。该超科包含 2 科：欧洲蜗牛科，包括散大蜗牛（小灰蜗牛）、罗曼蜗牛（勃垦第蜗牛）、亮大蜗牛（土耳其蜗牛）；玛瑙蜗牛科，其中最著名的是非洲大蜗牛，它是一种体型较大、贝壳呈长条和圆锥形的蜗牛，分布在亚非大陆及大洋洲地区。还有我国选育的白玉蜗牛。

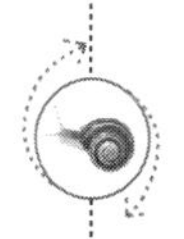

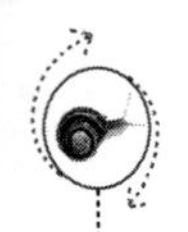

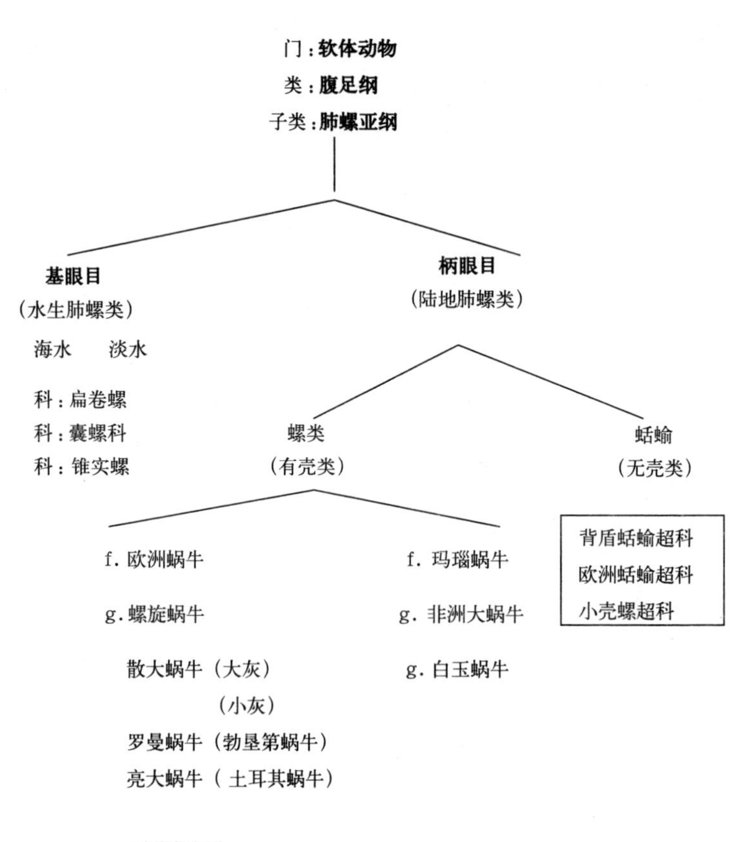

图 1.1 蜗牛系统分类

（f 代表科的缩写；g 代表种的缩写）

二、世界主要养殖食用品种

（一）盖罩大蜗牛

又叫葡萄蜗牛（图 1.2），因主要生活在葡萄种植园内，以葡萄茎、叶、芽、果等为食而得名。又因其形似苹果，故而又称苹果蜗牛，学名叫盖罩大蜗牛。原产于欧洲中部地区，螺形呈圆螺状，螺壳的宽度与长度近相等，一般成螺的直径约 4 厘米，螺壳厚重，呈黄褐色，并具有一条横行的白色带。贝壳呈圆球形，壳高 28 ~ 35 毫米，宽 45 ~ 60 毫米。壳质厚而坚实，不透明，有 5.0 ~

5.5 个螺层，螺旋部增长缓慢，呈低圆锥形。体螺层膨大，壳口不向下倾斜，壳面呈深黄褐色或黄褐色，有光泽，并有多条黑褐色带。壳顶钝，成体之脐孔被轴唇遮盖。壳口呈椭圆形，口缘锋利，口唇外折，内质呈淡黄色或淡褐色。蜗牛形状与散大蜗牛相似，但比散大蜗牛略大，最大可长到 40 克，软体乳白色或米黄色，卵同散大蜗牛。适宜温度 20 ~ 28℃，湿度 85% ~ 90%，沙土湿度为 30% ~ 40%。

图 1.2　盖罩大蜗牛背面及其侧面

（二）勃艮第蜗牛（Helix pomatia linné）

又叫螺旋罗曼蜗牛（图 1.3）。分布在法国东部及一些东欧国家（德国、匈牙利、捷克斯洛伐克、南斯拉夫、波兰、罗马尼亚）的陆生种类，有小部分分散在法国西部，起源地被认为是罗马尼亚；体积较大，成年活蜗牛直径长 45 毫米，体重 40 克；贝壳为浅色球状，因而也得名“大白蜗牛”。伸展时露出浅灰色颗粒状腹足，外套膜为白色，冬眠时分泌口盖来封闭壳口。勃艮第蜗牛在森林和开阔的栖息地、花园、葡萄园和公园中都可以看到。它喜欢居住在温度适中的恒温地带，无法忍受暴雨或阳光直射。它的头上有两对触角；短的触角具有触觉，长的触角可以伸缩，上面长有眼睛。大而强壮的脚会分泌黏液，使它可以移动。背部有棕色螺旋状的外壳，外壳会随着年龄的增长逐渐变大，直至蜗牛成年。在天气状况不佳的时候，它会躲在壳里，并将入口的洞关闭。如果外壳有一处破损，它会很快愈合。在进食时，它们用齿舌添刷食物。它们需要钙质丰富的食物来帮助外壳的生长和维护，同时也吃各种果实、蔬菜、花朵和叶子。勃艮第蜗牛是雌雄同体的动物，

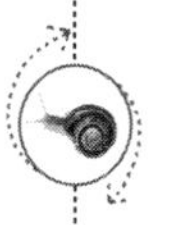

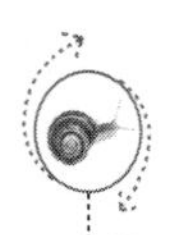

它们可以产生仅为雄性或仅为雌性的生殖细胞。

背面　　侧面　　交配

图 1.3　勃艮第蜗牛

（三）土耳其蜗牛

又叫螺旋亮大蜗牛（图 1.4）。生活在土耳其、南斯拉夫和意大利的陆生种类，一部分分散在法国，尤其是阿尔卑斯山一带；贝壳与罗曼蜗牛相近，但色彩更加鲜明，且带有棕色螺旋条纹；体积通常比罗曼蜗牛大，成年活蜗牛直径长 50 毫米，冬眠时分泌口盖。

背面　　侧面　　吃食

图 1.4　亮大蜗牛

（四）小灰蜗牛（le Petit – Gris（Cornu aspersum））

又叫螺旋散大蜗牛（图 1.5 和图 1.6）。适应于海洋性和地中海气候，广泛分布于法国，以沿海地区居多，还有英国、西班牙及整个地中海盆地；体积比前两种蜗牛小，成年活蜗牛直径长 30 ~ 40 毫米，体重 6 ~ 15 克；贝壳没有前两种蜗牛圆，呈棕色，有深色图案，形状随起源地不同而变化；腹足为灰绿色，冬眠时分泌一层或几层黏膜来封闭壳口，我们称这种黏膜为盖膜，由黏液蛋白组成。黏液蛋白从外套膜边缘分泌，经碳酸钙加固，形成一个直径几毫米的白色斑点。此区域称为“Kalkfleck”，从结构来看，它的功能是与外界进行气体交换。

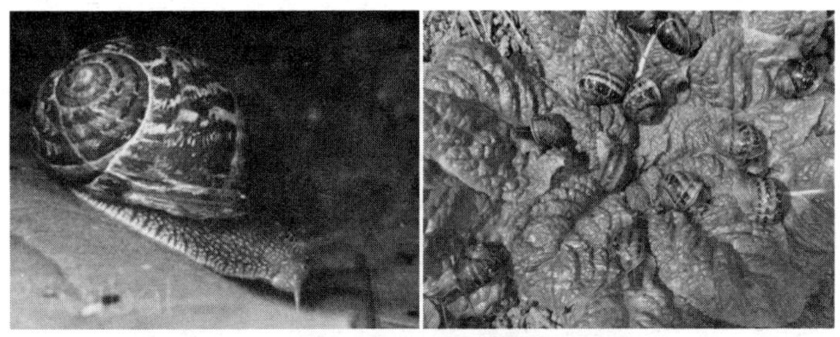

散大蜗牛—（小灰蜗牛）的亲本（左图）和幼蜗牛（右图）

图 1.5　散大蜗牛

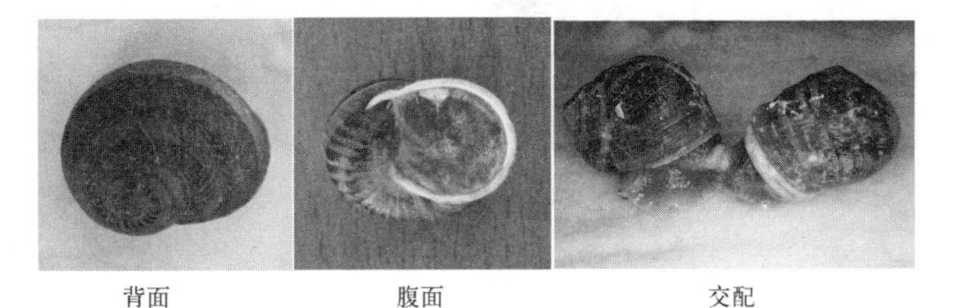

背面　　腹面　　交配

图 1.6　小灰蜗牛

（五）大灰蜗牛（Gros - Gris（Helix aspersa maxima）

螺旋散大蜗牛改为 螺旋散大蜗牛（图 1.7）。分布于北非地区（阿尔及利亚、摩洛哥）；体积比小灰蜗牛大，成年活蜗牛直径 45 毫米，体重 15 ~40 克。

背面　　侧面

图 1.7　大灰蜗牛

（六）希腊蜗牛

又叫螺旋辛塔（cinta）蜗牛。分布于地中海盆地；体积中等，成年活蜗牛直径长约40毫米；贝壳为球状，带有明显的栗色条纹。螺旋辛塔蜗牛既可以通过贝壳，也可以通过生殖器形状的不同而加以区分（图1.8）。

图1.8　希腊蜗牛

（七）穆尔盖特（Mourguette）蜗牛

分布在地中海盆地，主要有蠕虫尹氏蜗牛和美洲陆蜗牛两种（图1.9）；体积较小，成年活蜗牛直径长30毫米；贝壳扁平；人们通过口缘的颜色区分这两种蜗牛：浅色的为蠕虫尹氏蜗牛，深色的为美洲陆蜗牛。

蠕虫尹氏蜗牛

美洲陆蜗牛

图1.9　穆尔盖特蜗牛

（八）玛瑙蜗牛（图 1.10）

近 20 多年才在欧洲被食用，最著名的是非洲大蜗牛，起源于亚非大陆；贝壳为梭形；成年活蜗牛体重 250 克；通常是一些幼蜗牛（壳长 70 毫米）被进口、加工后，在欧洲销售。

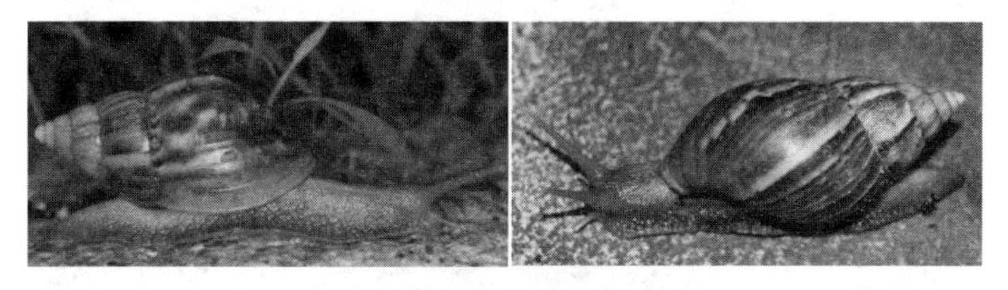

玛瑙蜗牛

图 1.10　玛瑙蜗牛

（九）白玉蜗牛

是玛瑙蜗牛的一种，也称褐云玛瑙螺（图 1.11），玛瑙螺软体动物，属陆生贝壳软体动物，腹足纲，肺螺亚纲，柄眼目；原产于非洲东部，由于它生长快，个体大，繁殖力强，已被国内外的美食家所接受，是食用蜗牛中首屈一指的佼佼者。白玉蜗牛为我国科研部门从野生褐云玛瑙螺中变异选育而成，故又称中华白玉蜗牛，因其头、腹、足洁白如玉，故简称“白玉蜗牛”，系中国独有品种，以人工养殖为主。白玉蜗牛和其他蜗牛一样，喜欢在阴暗潮湿、疏松多腐殖质的环境中生活，昼伏夜出，畏光怕热，最怕阳光直射。对环境极为敏感，当湿度、温度不适宜时，蜗牛会将身体缩回壳中并分泌出黏液形成保护膜，封住壳口，以克服不良环境的干扰。当环境适宜后，便会自动溶解保护膜重新开始活动。因此在养殖过程中要注意气温和湿度的影响。适宜温度为16～30℃，湿度60%～85%，土壤湿度约为40%，pH 值为5～7，当温度低于 15℃，高于 35℃时休眠，停止生长和繁殖。一般春天以白菜、青菜、莴苣等阔叶植物饲喂；夏天可喂大量甘蔗、向日葵叶、各种瓜果皮渣等；秋天气温低，食量减少，可喂些菜叶、薯片等。白玉蜗牛不吃青草、杂草，拒食有刺激性味道的葱、韭菜、蒜。白玉蜗牛雌雄同体，异体交配。人工养殖只要温度、湿度适宜，一年四季均可繁殖。从出壳到性成熟一般需 6 个月，交配受精后

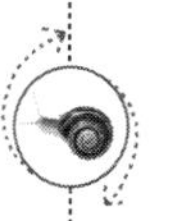

15~20天即可产卵，把卵产在洞穴内。卵粒绿豆大小，外包一层白色发亮的膜，每次产卵100~200粒，8~15天可孵出幼蜗，寿命一般5~6年。

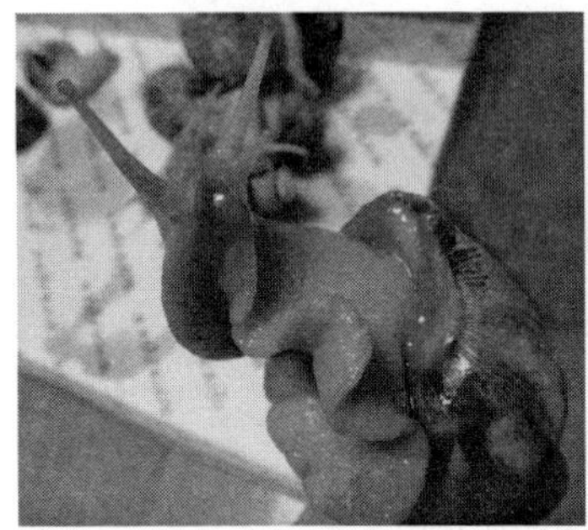

图1.11　白玉蜗牛

在欧洲食用的蜗牛来源于本国自产或国外进口（不局限于欧洲国家）。在主要食用品种中，大部分是螺旋蜗牛。螺旋蜗牛既可以通过贝壳的不同，也可以通过生殖器形状的不同而加以区分（图1.12）。

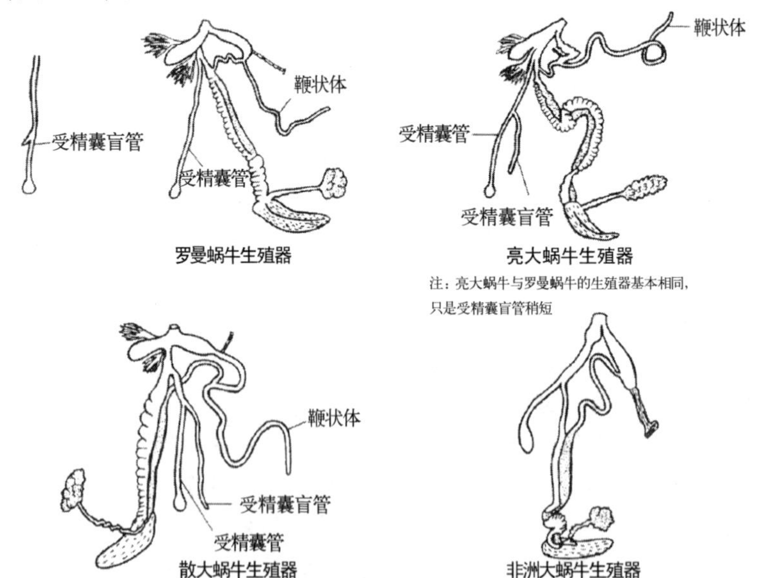

图1.12　根据蜗牛生殖器的不同来区分不同种类的蜗牛

第二章　蜗牛的生物学与养殖学知识

内容提要：小灰蜗牛生物学和养殖学；白玉蜗牛生物学及养殖技术；喂食与饲料营养

第一节　小灰蜗牛生物学和养殖学

一、形态

蜗牛拥有一个能容纳整个身体的贝壳。当它伸展时，只有腹足露出，内脏团通过腹肌吸附在壳内。

（一）贝壳

蜗牛壳上有一条螺纹线，大多沿顺时针方向旋转（图 2.1），属于右旋；左旋螺纹十分少见。贝壳由有机物和矿物质构成。

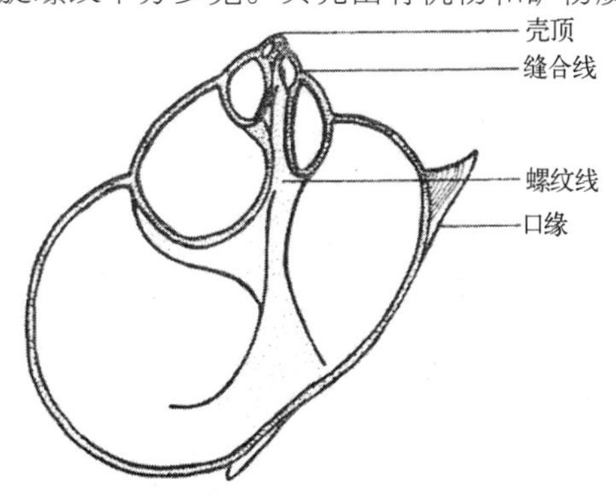

图 2.1　小灰蜗牛贝壳剖面图（沿螺纹线剖开）

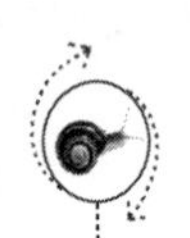

有机成分（占1%～2%）为有机基质的蛋白质：贝壳硬蛋白（软体动物的特殊蛋白质）。矿物成分（占98%～99%）为方解石和文石型碳酸钙，沉积在贝壳硬蛋白中。贝壳由外套膜边缘分泌而成。贝壳硬蛋白首先发生变化，产生一个柔软脆弱面，接着被连续的碳酸钙层加固。在蜗牛生长末期，贝壳的边缘，即口缘，收口变硬。蜗牛结束生长期后，成为成年蜗牛。贝壳上布满与生长方向垂直的生长条纹，其中最明显的条纹表明蜗牛在此刻进入夏眠或冬眠，生长停滞（图2.2）。贝壳重量约占蜗牛总体重的1/3。

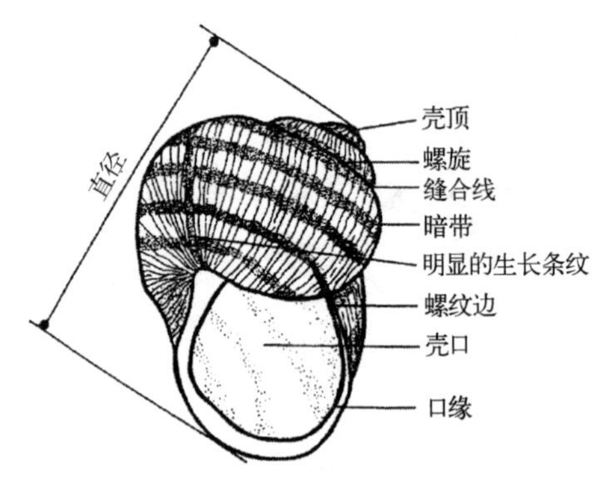

图2.2　小灰蜗牛贝壳

（二）身体

蜗牛身体包括两部分，一部分始终藏在壳中，另一部分在伸展时显露（图2.3）。显露的这部分为蜗牛的腹足，是一个具有运动功能的肌肉团。蜗牛利用附满黏液的腹足爬行。腹足的前面是我们通常所说的头部，它包括：含上唇、下唇和两片侧唇的嘴；两

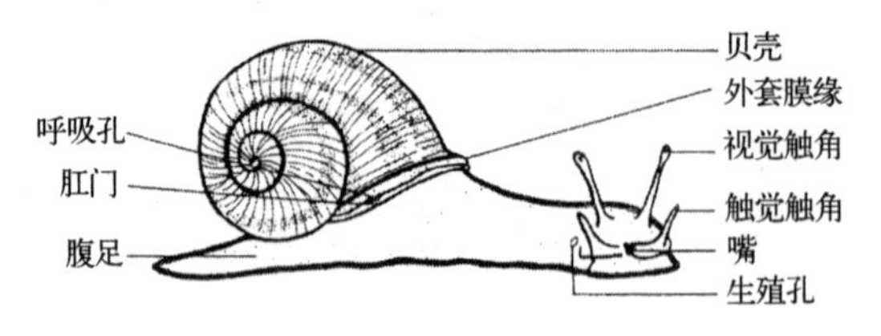

图2.3　伸展时的蜗牛

根末端生有眼睛的视觉触角；两根触觉触角；位于头部右侧的生殖孔。

壳内部分称为“卷起物”，是蜗牛的内脏团，分成几个区域，去壳后一一展现（图2.4）。外套膜位于内脏团前端，血管丰富，主要起呼吸作用。外套膜缘是外套膜与口缘间的凸起部分，在其下部有三个开口，分别是肛门、排泄孔和呼吸孔。呼吸孔与外套腔或肺有直接联系，如同一层横膈膜，保证空气进出与滞留。肺的后面是淡黄色的肾和包含心室、心房的心脏。内脏团后端颜色最暗的部分是消化腺，也即肝胰脏，它相当于脊椎动物的肝脏，其上方微白的区域是蛋白腺。

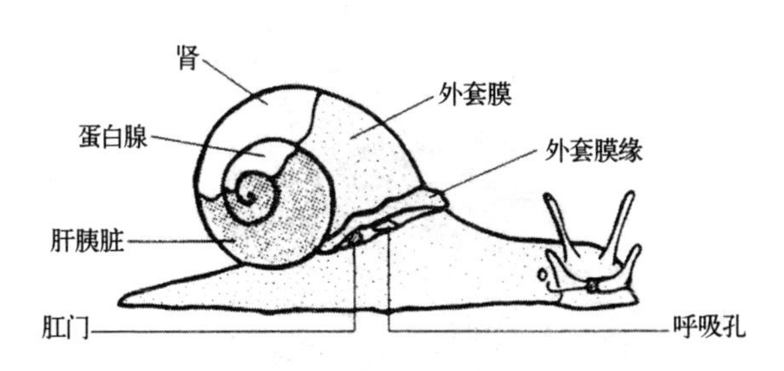

图2.4　去壳蜗牛

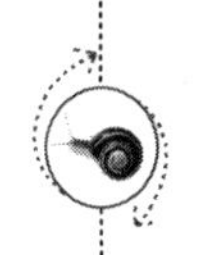

二、构造（图2.5和图2.6）

（一）消化系统

由于蜗牛身体180°的扭曲，其消化道弯成一个圈，将肛门提前。蜗牛嘴上包含四片唇，嘴后紧接口球，内含一条锯齿状舌头，称为齿舌，26 000颗牙齿（是世界上牙齿最多的动物），由角质齿组成，似锉刀状，能作前后伸缩运动磨碎食物。嘴的背面拥有角质颚，月牙形，有凸起边，作用在于清除食物残渣。口球后端的每一边都有一对唾液腺。食道位于口球后，在被解剖的新鲜蜗牛体内，我们看到它膨胀于橘色梭形的胃中。蜗牛的肠子双层盘绕在肝胰脏周围，并直通呼吸孔附近的肛门。肝胰脏位于胃和肠之间。

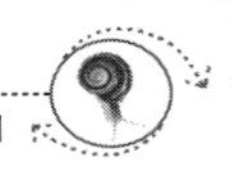

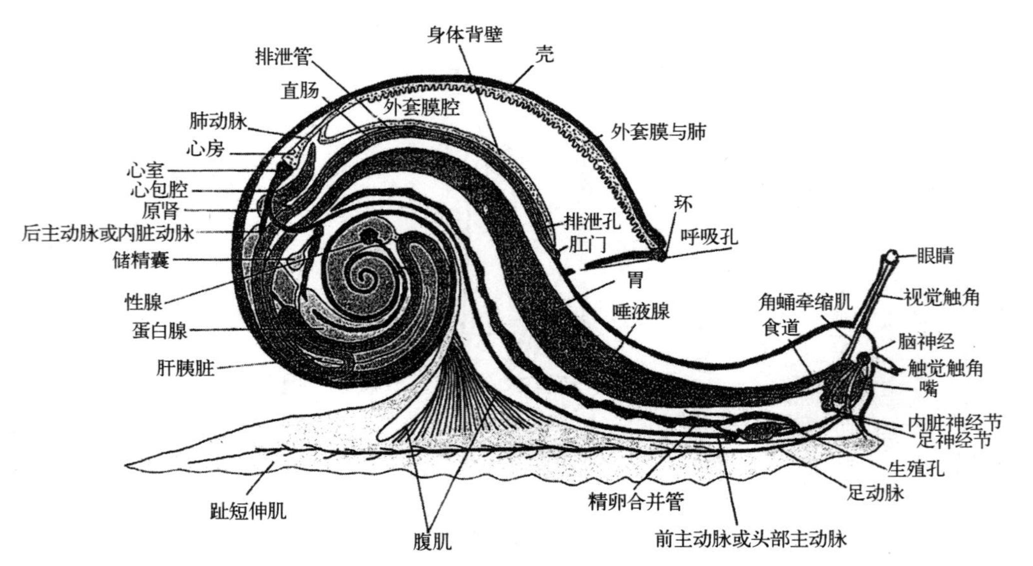

图 2.5　蜗牛内部结构简图

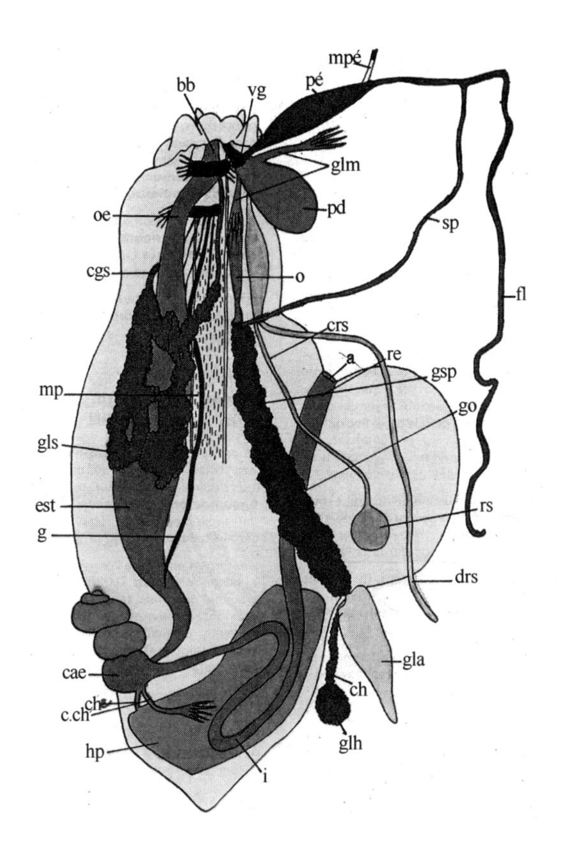

图 2.6　蜗牛消化系统、生殖系统及神经系统

a. 肛门；bb. 口球；cae. 盲肠；cch. 胆总管；cgs. 唾液腺管；ch. 两性管；che. 肝管；crs. 交配囊管或受精囊管；drs. 受精囊盲管；est. 胃；fl. 鞭状体；g. 大脑神经节；gla. 蛋白腺；gls. 唾液腺；glh. 两性腺或卵睾体；go. 输卵沟；gsp. 输精沟；hp. 肝胰脏或消化腺；i. 肠；mp. 趾短伸肌；mpé. 阴颈牵缩肌；o. 输卵管；oe. 食道；pd. 刺针囊；pé. 阴茎；re. 直肠；rs. 受精囊；sp. 输精管；vg. 共同生殖前庭

（二）神经系统

交感神经系统由位于口球下的口腔或口胃神经节构成，通过两条神经带连接到脑神经节上，消化道的绝大部分受其支配。

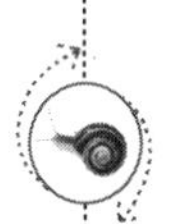

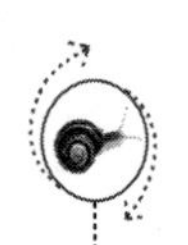

中枢神经系统位于头部，由一对对食道周围的环状神经节构成。神经节内包含神经。中枢神经系统主要与视觉触角、触觉触角等感官连接。每一个足神经环都拥有一个叫“平衡器”的特殊器官，形态为一层含液体和钙质耳石的包膜，作用为控制身体平衡。

（三）血液循环及呼吸系统

蜗牛心脏被一层心包膜包围，由前心房与后心室组成。它的血液或血淋巴拥有一种特殊色素——血蓝素（头足纲与腹足纲特有的含铜呼吸色素），脱氧状态为无色，结合氧状态为鲜蓝色。血液由心室输送，在动脉网中流经两条主动脉。前动脉通腹足，后动脉通内脏团。两条主动脉分成几条支流运送血淋巴到各个器官。血液通过静脉窦及静脉系统流回心脏。静脉汇集于肺部的输入血管，其中的血液在外套膜上皮处通过接触空气被重新氧化，血液接着聚集到输出血管，汇合于一条肺静脉，最后注入心房。

蜗牛的肺是一个由外套膜上皮构成的囊，靠肺血管供血，通过肺孔开口做收缩运动，实现空气流通。

（四）生殖系统

蜗牛雌雄同体，因此其生殖系统十分复杂，既包含雌雄共用器官，也包含雌雄独有器官（图 2. 7）。主要有：生殖腺或卵睾体，位于消化腺后半部分顶端，形成精子、卵子；两性管，排出配子；蛋白腺，生产卵黄蛋白；精卵合并管，输送精子和卵子。

在精卵合并管的末尾，蜗牛的生殖系统兵分两路：雄性部分包括输精管和阴茎。输精管直通交配器官，拥有一条很长的鞭状体。射精之前精子聚集于鞭状体内，形成一条长丝，从贮精囊释放；雌性部分包括交配时分泌性刺激针的刺针囊、阴道和生殖孔。

在刺针囊上方，输卵管连接着一条受精囊管。受精囊管的末端是受精囊，中间部分支出一条长长的盲管。输卵管的两侧有一对与阴道相通的附件腺，即多裂腺。

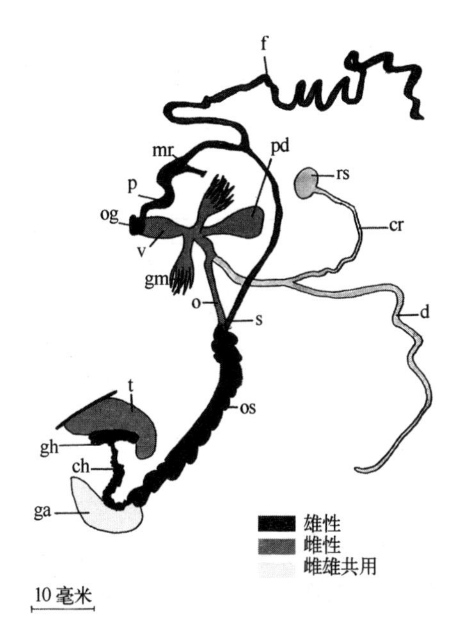

图 2.7　散大蜗牛的生殖系统

ch. 两性管；cr. 受精囊管；d. 受精囊盲管；f. 鞭状体；ga. 蛋白腺；gh. 两性腺或卵睾体；gm. 多裂腺；mr. 阴颈牵缩肌；o. 输卵管；og. 生殖孔；os. 精卵合并管；p. 阴茎；pd. 刺针囊；rs. 受精囊；s. 输精管；t. 内脏团；v. 阴道

三、自然生理活动

蜗牛的生理表现与环境息息相关，研究蜗牛的自然生理活动有助于我们了解其生理特点及影响其生长、繁殖的因素。蜗牛每日、每季都拥有活动与不活动两种状态。发现并了解该现象及其他能够促进或抑制蜗牛活动的现象，是养殖必不可少的先决条件。

（一）季节性活动

像所有的软体动物一样，蜗牛是变温动物，它能够调节体内温度（冷血动物）。在温和的或大陆性的气候条件下，它通过调整每年的活动节律来适应不同季节的气温变化，主要有以下两种生理状态：冬季气温偏低时，新陈代谢减缓，进入冬眠；春秋之交，

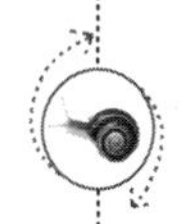

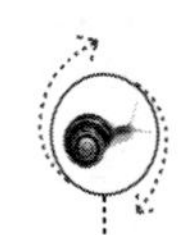

重新活动，幼蜗牛生长，成蜗牛繁殖。长期以来，研究者认为只有温度才能控制蜗牛的活动。贝利（1981）指出，在特定的地点，除去某些年温、湿频繁变动的影响，蜗牛冬眠的长短和时节都是恒定的（图2.8）。

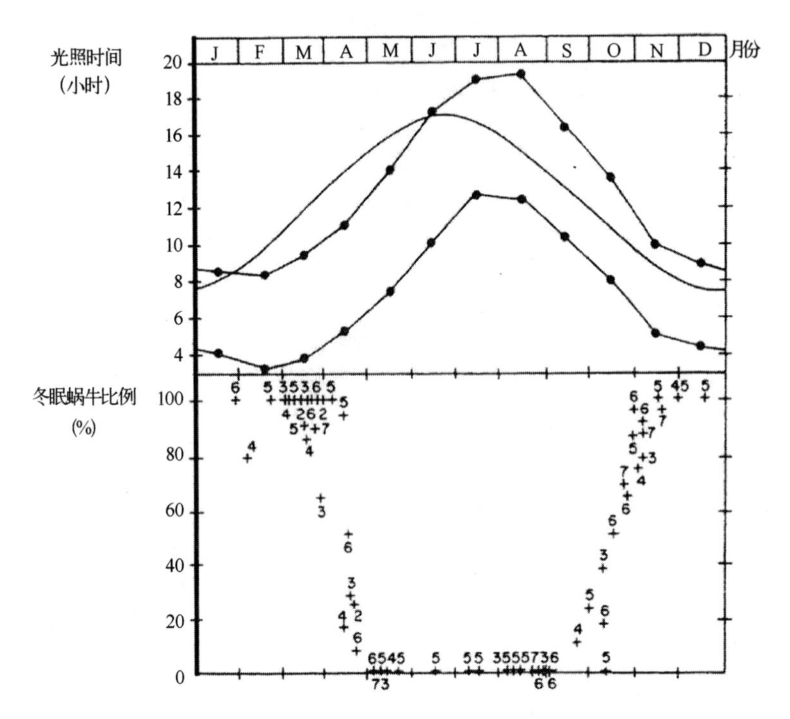

图2.8　不同日期自然界散大蜗牛的冬眠比例（观察年份以尾数字）；光周期的变化以及同一时期最低与最高平均气温的变化（月份用首字母表示）

1. 蜗牛与季节节律

通过时间生物学概要或生物节律研究，每一个物种的生长与繁殖都需要一系列遵循季节变化规律的生态环境条件。在我国的纬度位置下，许多生物都拥有对抗不利生存条件的策略，这些不利条件通常在冬季出现。对于某些动物来说，策略之一便是迁徙。另一些动物减少活动，进入到封闭过冬阶段（如蜜蜂）。最后还有一些停止活动，进入完全昏睡状态，这便是冬眠，更常见的叫法是休眠，发生在昆虫身上。冬眠现象成为众多深层次的研究对象，这些研究建立起时间生物学的理论基础，解读了生物与环境间的相互作用。

2. 生物节律调节因素——光周期

冬眠的生物随着季节节律来调整自身节律，即拥有一种掌控时间的才能，并调节我们称之为“同步器”（synchroniseur）的环境因素（使蜗牛活动同步一致）。一方面，光周期每年根据天文规律发生相应变化，是最常用的远程同步器。另一方面，光周期的变化总是预示着其他影响生物生长、繁殖因素的变化，如温、湿度。因此，它也就成为了预示未来因素变化的主要信息来源，提醒生物做好调整活动和新陈代谢的准备。它定义了“预适应”的概念，对于保障物种生存至关重要。研究结果表明，唯一的周期性因素——光周期，以其恒定的变化控制着蜗牛的季节性活动。

3. 光周期对蜗牛的影响

需要长时间光照（多于 14 小时）来刺激活动的生物被称为“长日生物”。散大蜗牛（小灰蜗牛和大灰蜗牛）便属于此类，它经考证需要 15 小时的光照时间，这一结论在最近公开。根据蜗牛是长日还是短日生物（需要光照时间多于还是少于 15 小时），光周期能够决定蜗牛是否处于活动状态。了解这一知识是合理探究蜗牛的首要条件，由此我们可以通过改变光照时间来刺激蜗牛生长、繁殖或冬眠。

蜗牛能够在其生长的任一时期进入休眠状态，也可以永远保持活跃状态。它的休眠具有任意性，与之相反的是某些昆虫的强制性休眠发生在某个特定时期。然而，仅仅考虑光周期不足以完全掌控蜗牛的季节性活动，温度与湿度在蜗牛苏醒的过程中扮演重要角色。如果仅仅通过调整光周期来使蜗牛进入冬眠，我们强烈建议在适合的温度条件下进行，也即低于 15℃。没有全面考虑各种因素可能会适得其反，产生严重问题，甚至引起蜗牛死亡。

通过马涅罗实验站的研究，我们确定了小灰蜗牛活动所需的最短光照时间。该时间约为 15 小时，排除温、湿度的影响，光照少

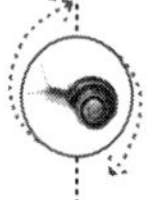

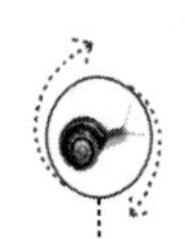

于15小时会导致蜗牛不活动，多于15小时会促进蜗牛的生长和繁殖。阿皮内尔同样认为蜗牛活动节律与光照节律存在联系，就好像蜗牛特有的生物钟，很可能标记在其基因组内，在每天不同的光照时刻设定好该做的活动。这些研究结果与在自然界中观察到的规律一致。我们发现在法国，从光照时间少于15小时的8月开始，自然界中蜗牛的生长与繁殖就受到抑制，冬眠迹象显露。我们尝试改变光照时间（提高到15小时以上）与温、湿度来阻止其冬眠，其结果没有成功。蜗牛此时必须经历一个对任何活动都不起反应的阶段，直至冬眠结束。

一段时间的冬眠之后，蜗牛重新活动，在温、湿度的影响下活动相对稳定，但我们注意到其生长与繁殖都在相对较长的光照时间下进行（多于15小时），且该时间呈递增趋势。对光周期在蜗牛季节性活动中重要性的研究使我们建立起理论模型，解释了蜗牛白天与夜晚的活动差异（图2.9）。日夜的交替导致了“光敏时刻”（一段不确定的时间）的产生，大约10小时后产生一次。在白昼偏长时期，夜晚持续时间少于10小时，光敏时刻与白昼开端重合，我们并不知道在哪一刻蜗牛会产生什么生理现象，但我们知道这种情况标志着蜗牛开始季节性活动。在白昼偏短时期，夜晚持续时间多于10小时，光敏时刻不再与白昼有交集，与前一种情况相反，蜗牛进入不活动状态，也即冬眠。

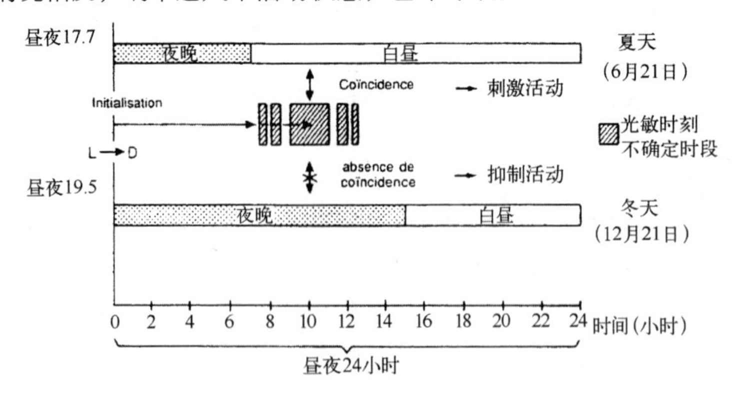

图2.9 根据“重合猜想”建立的理论模型，解释了光照在刺激或抑制小灰蜗牛季节性活动方面作用

温度、湿度、光周期应在蜗牛养殖中共同发挥作用，对三者的全面掌握是合理探究蜗牛的关键。

（二）日常活动

蜗牛的日常活动节律与光照紧密相关，而在不利的温、湿条件下日常活动也将被抑制。在一些夏季特别炎热干燥的地区，我们观察到蜗牛的夏眠现象。与冬眠相反，夏眠是一种一旦温、湿条件转好就会消失的抵制状态。

最近，洛尔韦莱克（1988）建立了关于蜗牛在长光周期下每日活动节律的理论模型（图 2. 10）。

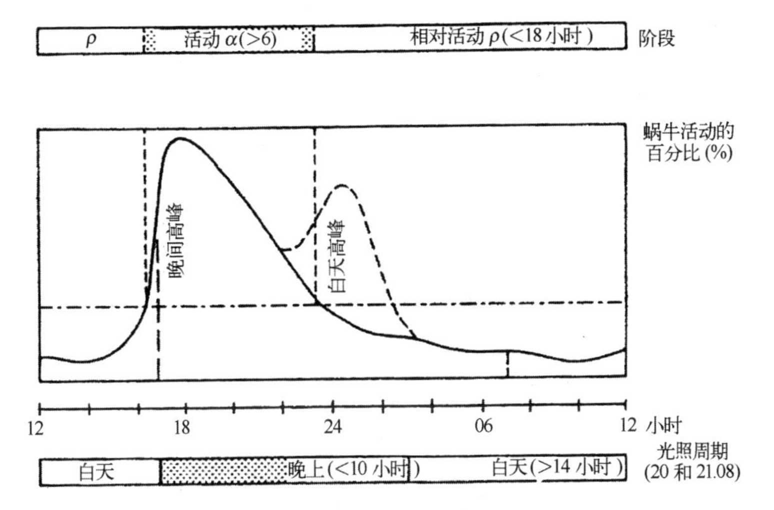

图 2. 10　散大蜗牛每日活动节律理论模型，在自然气候条件下，非冬眠时期、地点（成蜗牛在 14 小时及以上的白昼时长条件下）

活动 α 阶段始于傍晚，持续时间多于 6 小时，有相当比例的活跃分子。此阶段大约 24 小时产生一次，与光照条件密切相关，也受湿度等其他因素影响。相对不活动阶段持续时间少于 18 小时，蜗牛在此阶段处于休息状态，只做极少量的爬行、交配和摄食活动。

100% 的活跃比例只出现在多雨天，十分少见。白天活动高峰观察于幼蜗牛身上，但总是比晚间高峰值低。

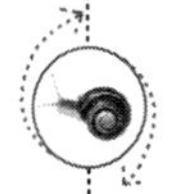

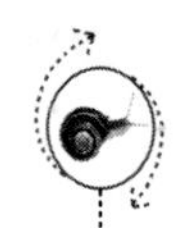

（三）冬眠

1. 冬眠年龄

在自然界中，春季能看到不同体型的蜗牛，由此我们推想所有年龄的蜗牛都可以冬眠。但单这一项观察既不足以说明不同年龄的蜗牛对寒冷的敏感度是相同的，也不能得出冬眠期的死亡率。因此，勒冈（le Guen）（1985）在受控条件下，研究了冬眠对不同年龄蜗牛的影响，着重记录了冬眠死亡率（表 2. 1）。

表 2. 1　冬眠对不同年龄蜗牛的影响

组	N1	N2	N3	N4	N5
数量	100	100	100	100	100
冬眠年龄（天）	14	28	42	56	70
冬眠	低温室中一个月，温度 5℃，湿度 85%，照明 6 小时/黑暗 18 小时				
死亡率	4%	1%	1%	1%	1%
	将实验对象换成年龄更小的蜗牛				
组	A1	A2	A3		
数量	100	100	100		
冬眠年龄（天）	1	7	14		
冬眠	冰箱中一个月，温度 5℃，湿度 85%，照明 0 小时/黑暗 24 小时				
死亡率	50%	100%	7%		

通过这两个实验结果，我们发现在实验条件下，1～14 天的蜗牛的冬眠死亡率随年龄而变，而 14 天以上、年龄较大的蜗牛的冬眠死亡率相对稳定。

实验二中，出生 7 天的蜗牛全部处于冬眠状态不再复苏。有趣的是，许多养殖者都发现幼蜗牛在这个年龄容易死亡，由此我们推想蜗牛在出生后第 7 天对外界环境最为敏感。

最后，我们注意到 N1 与 A3 这两组死亡率的差异（实验对象年龄相同）。

2. 冬眠时间

对于相同年龄的蜗牛，其死亡率与冬眠时间是否存在联系，在接下来的实验中，勒冈（1985）研究了冬眠时间对相同年龄蜗牛的冬眠死亡率的影响（表2.2）。

表2.2　冬眠时间对相同年龄蜗牛冬眠死亡率的影响

编　号	H1	H2	H3
数量	100	100	100
冬眠年龄（天）	28	28	28
冬眠	1个月	2个月	3个月
死亡率	3.3%	4.2%	11.7%

注：温度5℃，湿度85%，照明6小时/黑暗18小时。

出生四周的蜗牛的死亡率随冬眠时间递增。成蜗牛的死亡率与冬眠时间毫无关系。冬眠特点是生命活动减缓，新陈代谢速度降低。在冬眠之初，蜗牛分泌“盖膜”来封闭壳口。蜗牛冬季可连续分泌2～5层盖膜。盖膜减缓了水分流失，占活蜗牛总体重的30%。冬眠之初水分流失，目的在于增加血液的黏稠性，减缓心脏运动节律。因此，冬眠中的蜗牛身体相对干燥，蜷缩在贝壳底部，盖膜上一块富含碳酸钙的微白区域保证了与外界的气体交换。蜗牛冬季分泌的盖膜比起有时日常休息时分泌的要更厚、更不透明。

（四）繁殖

1. 交配

能够交配的蜗牛发育成熟，通常是成蜗牛，自然界中，年龄在2～3岁。在季节性活动之初（4月，在欧洲西部），蜗牛未分化的性腺将进入雄性阶段，产生精子。这些精子拥有单一鞭状体，头部呈小火苗状。一个精子总长度达100微米。交配之前，蜗牛的性刺激针从生殖孔中伸出并刺入伴侣的腹足，接着蜗牛开始头对头交配。两只蜗牛的阴茎相互进入对方的阴道，精子从贮精囊呈一条长丝状释放。交配持续10～12小时，一般从日常活动α阶段开始。交配至少一次后，蜗牛开始产卵。不是所有交配的蜗牛都能自始至终产卵。关于交配，最流行的猜想是蜗牛间进行了精子交换。

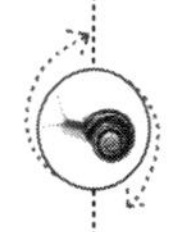

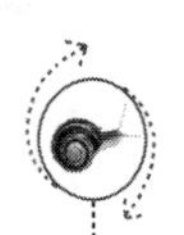

一只蜗牛能在繁殖期间交配多次，经过实验，在光照、温、湿度都适宜的条件下，我们观察到同一只蜗牛在8周的繁殖期内交配6次。根据地区的不同，蜗牛或进行周期性交配（21天，在海滨夏朗德省），或停止交配行为，进入夏眠。

这种节律性使同年龄段蜗牛活动同步，增加了找到相同生理阶段的性伴侣的几率，促进了物种繁殖（图2.11）。

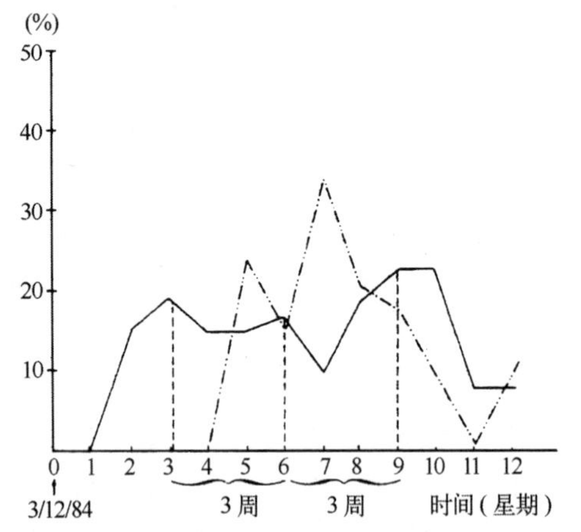

图2.11　在受控条件下每周繁殖率（----）与交配率（——）变化（温度：20℃，相对湿度85%，光照：照明18小时/黑暗6小时）；实验对象：1984年5月收集自然界的成蜗牛，放入低温室进行人工冬眠（温度：5℃，相对湿度：80%，光照：照明6小时/黑暗18小时）；时长6.5个小时

2. 受精

动物学家长期以来认为受精囊是交配过后存贮精子的器官。这一观点如今被质疑，而关于该器官的功能，有两种假设：一认为受精囊是精子激活剂，二认为受精囊能消除多余精子。我们并不知道两性管中受孕的确切时间。交配之后，性腺进入雌性阶段，产生卵子。蛋白腺分泌的蛋白层包围了受孕的卵子，构成胚胎的卵黄。蜗牛卵随后被钙质层形成的一层轻巧保护膜包围，在精卵合并管中积聚，直到产卵时排出。

3. 产卵

交配与产卵的间隔时间是多变的。恒定的温、湿条件下

（20℃，85%），我们观察到平均间隔时间为 10～15 天，还有一些极端情况是 2～30 天。为了产卵，蜗牛会在地里或沙子里掘一个“产卵窝”，即一个梨形的洞，深 3～4 厘米。蜗牛利用腹足前半部分掘洞，在产卵的整个过程中保持竖立姿势（12～48 小时）。在土质足够疏松的情况下，蜗牛有时会被完全埋起来。总的来说，产卵中的蜗牛只露出贝壳，身体的其余部分（腹足）都在窝内。

蜗牛卵为微小的白色球体，直径长 4 毫米，体重 30～40 毫克，一粒接一粒从生殖孔排出。一只蜗牛平均一次产卵 120 粒。如同交配，产卵也是一种有节律现象，周期为 21 天。不利的温湿条件会抑制产卵，尤其在一些气候炎热地区（如北非），蜗牛会进入夏眠，此种情况下，其产卵期则分别在春季和秋季。在实验条件下，我们发现一些蜗牛在 8 周的繁殖期内产卵达到 4 次。

4. 孵化

产卵结束后便进入到孵化阶段。胚胎会产生富含蛋白质的贝壳，在发育的过程中逐渐钙化。自然环境下，孵化时间在 15～30 天，随温、湿条件而变。胚胎吸收由卵蛋白构成的卵黄。蜗牛破卵而出，随后吃掉卵的外膜。新生小蜗牛会在“产卵窝”内逗留 6～10 天，接着顺着狭长的通道爬到地面。体重 10～40 毫克，直径长 2～4 毫米，可独立进食。一些细心的观察者发现蜗牛出生时食用泥土，而结束产卵的成蜗牛用粪便盖住产卵洞口。基于这两项发现，“蜗牛妈妈”分泌特殊食物喂养“新生宝宝”的猜想就需要验证了。新生小蜗牛的体重随蜗牛来源、孵化基质（表 2.3）、卵的大小而变，它们在恒定的温湿条件下（20℃，85%）孵化 21 天出生，出生率高达 85%。

体型异常巨大的新生蜗牛是存在的（超过 100 毫克），但数量很少且通常出现在出生率较低的批次中。这让我们想到了蜗牛间的同类互残现象，较早出生的幼蜗牛会吃掉未孵化的蜗牛卵。

表 2.3　不同孵化基质对幼蜗牛体重影响

孵化基质	腐殖土	河沙	泥炭
孵化时间（天）	21	21	21
新生蜗牛平均体重	25 毫克	33 毫克	12 毫克

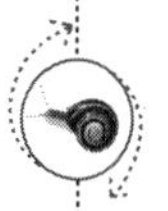

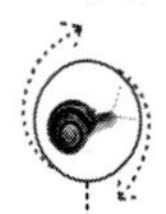

结论得出的差异意义重大。我们忽略此差异的具体原因，着重关注两个变量：酸碱度、环境的有机成分与矿物成分对幼蜗牛的影响差异非常显著。

（五）繁殖规律

如同生长，蜗牛繁殖情况也取决于环境因素：光线、温度、湿度以及蜗牛来源。

1. 光线

它分为三个方面：波长、强度、光周期。

居内克指出，单一的红光增强蜗牛繁殖能力，有利于其产卵与孵化。10 勒克司的强度是不够的。若使用白光，则需要长时间照明才能大大促进繁殖（16 小时）。此项发现与阿皮内尔的结论一致。用白光照明超过 15 小时能促进繁殖。

不均等光周期的使用使我们开始关注进入夜晚 9 小时后出现的光敏时刻。若其与白昼有重合点（长光周期），则繁殖能力提升；若没有（短光周期），则繁殖能力降低（图 2. 12 和表 2. 4）。

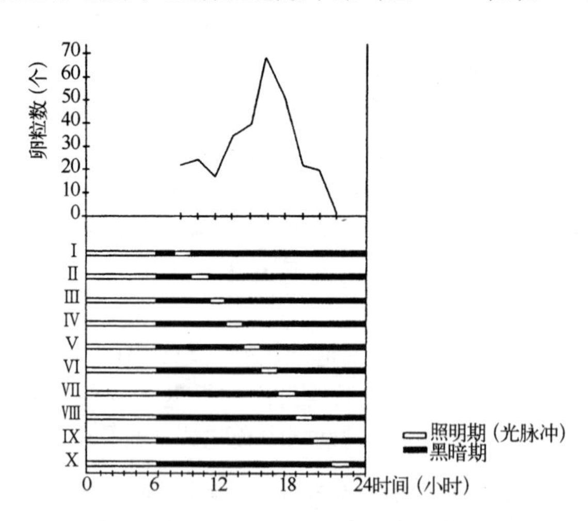

图 2. 12　在恒定温湿条件下，几组成蜗年（每组 60 只）在 8 周繁殖期内产卵数量（温度：20℃，相对湿度：85%）使用不对等光周期（阿皮内尔，未曾发表）

表 2.4　在不同的光周期下蜗牛的产卵数量

（每组蜗牛数量 60 只；温度：20℃；相对湿度：85%）

组	星期/光周期	1	2	3	4	5	6	7	8	合计
Ⅳ	L6 D1．5 L1．5 D15...	—	—	4	9	9	—	—	—	22
	L6 D3 L1．5 D13．5...	—	—	2	17	5	—	—	—	24
	L6 D4．5 L1．5 D12...	—	—	3	2	9	3	—	—	17
	L6 D6 L1．5 D10．5...	—	—	3	2	11	9	3	6	34
	L6 D7．5 L1．5 D9…．	—	—	1	5	7	3	11	12	39
	L6 D9 L1．5 D7．5…．	—	—	1	3	15	4	21	24	68
	L6 D10．5 L1．5 D6...	—	—	4	8	17	9	5	7	50
	L6 D12 L1．5 D4．5...	—	—	11	8	3	—	—	—	22
	L6 D13．5 L1．5 D3...	—	—	5	5	6	4	—	—	20
	L6 D15 L1．5 D1．5...	—	—	—	—	1	—	—	—	1
	L D 6：18 * …………	—	—	7	3	5	1	2	—	18
	L D 18：6 * …………	—	—	9	8	16	18	8	19	78

另一方面，这种光周期的使用还节约了 50% 的光源。光周期对繁殖的影响两个实验将蜗牛分为几组，每组 60 只。

实验一，有两组温湿条件恒定（温度：20℃，湿度：85%），光周期不同：

——短日照，光暗比：6∶18（昼 6 小时/夜 18 小时）

——长日照，光暗比：18∶6（昼 18 小时/夜 6 小时）

实验二，有十组温湿条件恒定，光周期不均等（图 2. 12）。这类光周期在一开始照明 6 小时，第二次照明时间缩短为 1 小时 30 分（光脉冲），中间每组插入时间不等的黑暗期。因此这 10 组在 24 小时中以不同的方式分散接收了 7 小时 30 分的光照（6 小时 +1 小时 30 分）。两个实验持续了 8 周，其间我们记录下产卵数量。

实验结果

在使用连续光周期的实验中（第 11、12 组，表 2. 4），接收了

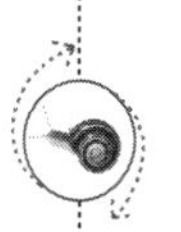

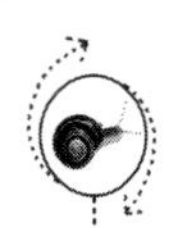

18 小时光照的蜗牛产卵量多于只接收 6 小时光照的蜗牛，由此强调了光周期对繁殖的影响。在使用不均等光周期的实验中，第6 组的产卵量最多。另外，我们通过数据测试（χ_2）来比较第 6 组与第 2 组的产卵量，结果并未得到明显差异。

因而我们总结认为，在实验条件下，繁殖活动与光周期有直接关系，与一天中光的多少无关。这些实验结果符合之前建立的理论模型（图 2.9）。繁殖仅仅是季节性活动的一个组成部分，它也应受调节、刺激季节性活动的因素的影响。

2. 温、湿度

当温度高于 30℃ 且周围缺乏湿度，蜗牛的日常活动与繁殖能力就会受到抑制。自然界中，产卵高峰经常紧接在降雨后（图 2.13）。该现象突出了温、湿度对蜗牛繁殖的重要影响。温、湿度的影响是快速而显著的，从蜗牛季节性活动与日常活动章节的讲述中也看得出这些参数在繁殖中的作用。

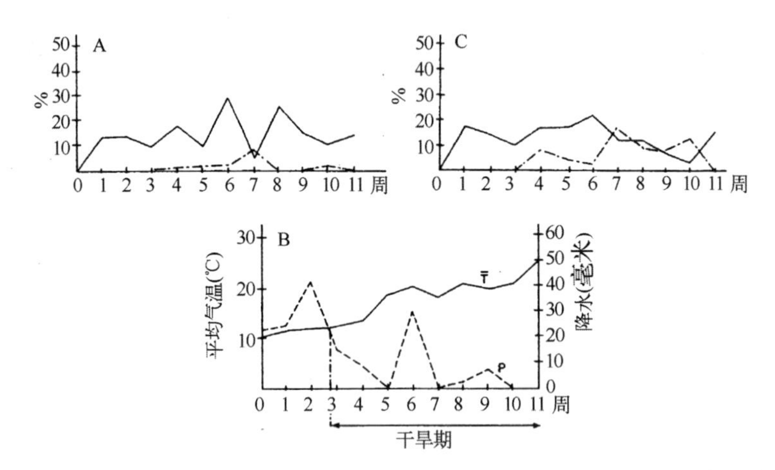

图 2.13 两组成蜗牛交配率（——）与繁殖率（----）的周期变化，一组（曲线 A）在户外养殖，另一组（曲线 C）温湿度、光照条件恒定。在观察期（1984. 5. 14—1984. 7. 29），我们记录下每周平均气温与降水量（曲线 B），发现曲线 A 有两个产卵高峰（第 7、10 周），均出现在降水集中的时段第 6、9 周后（曲线 A）（阿皮内尔，1984 年）

3. 冬眠

最少3个月的冬眠有利于繁殖。在低温室中（温度5℃，湿度85%），我们对8月底从自然界采集来、9月即将冬眠的蜗牛进行实验，冬眠长短对繁殖影响的研究开展了两个实验，实验结果见表2.5和表2.6。实验一，蜗牛从10月开始冬眠（冬季人工冬眠）。实验二，蜗牛从5月、6月或7月开始冬眠（夏季人工冬眠，表2.6）。实验对象均为从自然界采集的蜗牛，实验一每组150只，实验二每组100只。得出该结论。指出了冬眠时间对繁殖能力的影响，养殖者利用低温室可控制蜗牛冬眠的长短与时节，提高繁殖效率。

（1）冬眠长短的影响

通过两个实验，我们发现冬眠长短对研究的变量具有重要影响。实验一中，最好的繁殖结果出现在不冬眠和冬眠3个月的蜗牛身上（表2.5）。

表2.5　秋季开始的不同冬眠时间对蜗牛研究变量的影响

（除了第一组，其余都处于冬季）

时长（月）	0	1	2	3	4	5
平均交配率（%）	42.7	45.3	44.0	61.3	61.3	54.0
平均繁殖率（%）	38.0	18.7	27.3	34.7	24.0	10.7
种蜗牛平均繁殖量（幼蜗牛/种蜗牛）	29.4	16.6	24.8	34.7	25.3	13.6

表2.6　夏季开始的不同冬眠时间对蜗牛研究变量的影响

时长（月）	4	5	6
起止日期	7.15—12.3	6.15—12.3	5.15—12.3
平均交配率（%）	64.7	78.4	79.8
平均繁殖率（%）	56.6	67.1	64.9
种蜗牛平均繁殖量（幼蜗牛/种蜗牛）	80	112	131

注：繁殖量随冬眠时间递增。

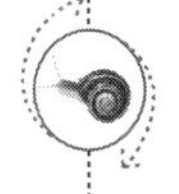

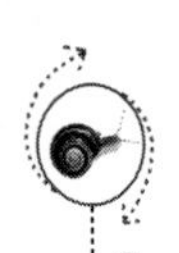

（2）冬眠时节的影响

夏季人工冬眠后蜗牛的繁殖能力至少是冬季人工冬眠后的2倍。这一结果说明冬眠时节对繁殖具有重要影响。

（3）时节与长短的共同影响

3个月后，冬眠时长在两种冬眠时节表现出对繁殖的不同影响。

冬季时，冬眠时长与繁殖量成反比；夏季时，冬眠时长与繁殖量成正比。

（4）总结

这些研究使我们了解到野生蜗牛的最佳储存时节为5月，最佳时长为6个月。

通过实践，我们发现从6月或7月开始的较长时间的冬眠能带来令人满意的繁殖量，且冬眠期死亡率低于10%。而冬季人工冬眠的死亡率高于30%，且接下来的繁殖量一般。产生此差异原因：一是秋季自然界的蜗牛年龄较大，已完成繁殖，在冬季人工冬眠时十分脆弱（高死亡率的原因），复苏后繁殖率低；二是春季能采集到更多年龄较小的蜗牛（年龄较大的在自然冬眠中死亡），在夏季人工冬眠时脆弱度低，复苏后繁殖率高。

4. 蜗牛来源

我们不能谈论蜗牛的祖先，更无法说道它的世系和基因。“来源”这个概念其实是关于蜗牛的收集来源和收集形式的：在自然界采集的蜗牛，我们称为“野生蜗牛”，养殖培育出的蜗牛，我们称为“家养蜗牛”。我们比较了野生蜗牛与家养蜗牛的冬眠、繁殖等特点。通过勒卡尔维（1981）进一步确认比较的结果，我们得出一个最显著的结论，即我们还未完全掌握培育种蜗牛的方法，养殖者还不能在需要的任意时刻获得连续代数的种蜗牛。在养殖房，我们使几代蜗牛无冬眠连续繁殖。实验结果如图2.14所示。

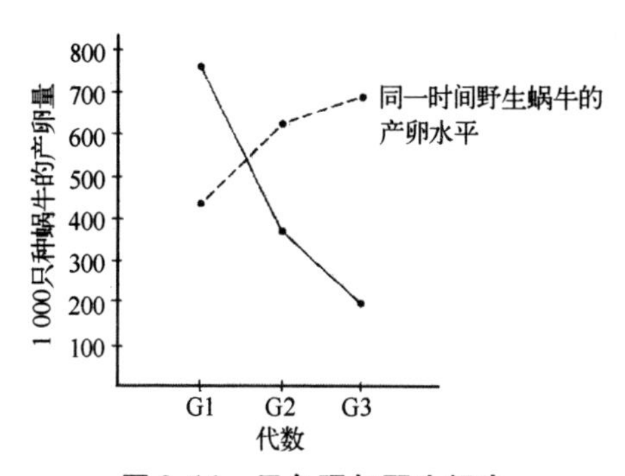

图 2.14 无冬眠与野生蜗牛

（—·—）G1、G2、G3 代产卵量的比较

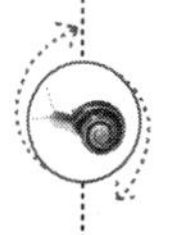

第一代家养蜗牛（G1）产卵水平高于同期野生蜗牛，但随着代数连续增多，其产卵量逐渐下滑。但我们知道如何在适宜的条件下使野生蜗牛繁殖，并由此连续获得6代家养蜗牛。成蜗牛并不一定具备繁殖能力，因此不能靠它来衡量繁殖水平。

（六）生长

蜗牛的生长程度可以用活蜗牛体重或贝壳的直径长度来衡量，这两个参数是有关联的。贝壳从外套膜缘产生，一方面沿着螺纹线伸长，另一方面钙质慢慢积厚。

在自然界由于多样的土地特质（植物、地形、性质）与不同的日、季温、湿条件，自然界蜗牛的标准生长模式很难定义。图 2.15 描绘了其理论性简图。

在法国，第一批孵化发生在6月。幼蜗牛体重10～40毫克，已拥有带颜色的钙质贝壳。接着9月迎来第二批孵化。法国南部地区的蜗牛在不利的温、湿条件下进入夏眠。夏眠期间繁殖停止，时间相对较长。在受海洋性气候影响强烈的温和地区，6—9月的繁殖活动并未停止，蜗牛继续孵化。这一特点毫无疑问将被养殖者利用。这些野生幼蜗牛一天中要经受变幻不定的天气考验，即使不夏眠，它们也会遇到不利于活动的情况（强烈的日晒和干旱），导致进食次数减少。根据出生时间和不利条件的出现频率，

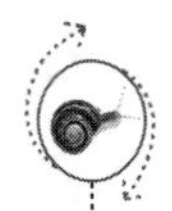

幼蜗牛先后在生命中的第一年进入成年期，并由于光照时间逐渐缩短，于 8 月开始第一次冬眠。

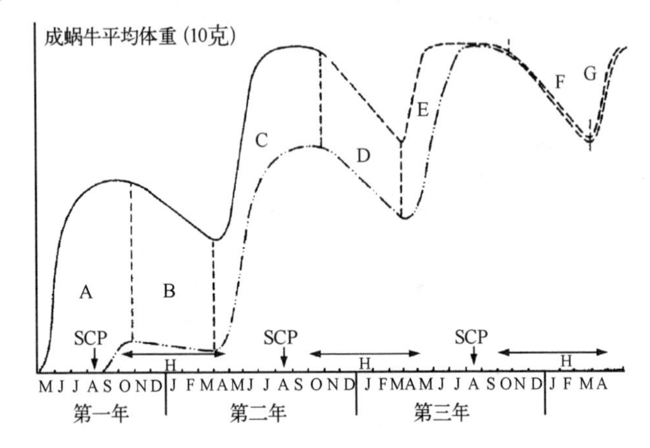

图 2.15　自然界一代蜗牛可能发生的生理变化与体重变化

A. 5—8 月出生。B. 出生较早（年龄较大）或出生较晚（年龄较小）的蜗牛开始冬眠。C. 重新活动、生长。年龄较大的蜗牛发育为成蜗牛，并能够繁殖。D. 第二次冬眠与可能发生的种蜗牛的大批死亡（虚线）。E. 存活的种蜗牛重新活动，年龄较小的蜗牛发育为成蜗牛。第二批成蜗牛第一次繁殖，第一批成蜗牛第二次繁殖。F. 第三次冬眠与可能发生的大批死亡。G. 重新活动，第二批成蜗牛第二次繁殖，第一批成蜗牛第三次繁殖。SCP. 最短光照时间（15 小时）。H. 冬眠

——出生较早蜗牛（年龄较大）的生长曲线

- - - -出生较晚蜗牛（年龄较小）的生长曲线

首次的冬眠会在贝壳上留下第一条非常明显的生长条纹。结束冬眠后，蜗牛生长迅速。相比成蜗牛，幼蜗牛最先活跃，并在此状态下进入到一个较长的生长期，以便其中体型较大的在夏季就能发育为成蜗牛。体型较小的需再经一轮冬眠才能达到该生长阶段。

（七）生长规律

如同研究繁殖规律，我们主要研究影响蜗牛季节性活动和日常活动的因素。

1. 光照

唯一能保证幼蜗牛生长良好的单色光是红光，所需的最小强度为60勒克司。使用白光时，长日照（昼16小时至夜8小时）或递增型（昼8～16小时）的光周期能促进生长。关于连续光周期（图2.16）和不均等光周期（图2.17）的实验证实了以上结论，并引出了光敏时刻的概念。编者认为，生长规律中的光周期机制与“季节性活动和繁殖规律”章节中所介绍的机制是相同的。长光周期（光照时间＞15小时）促进生长，短光周期（光照时间＜15小时）抑制生长。

2. 温、湿度

一只蜗牛必须保持活跃状态才能生长，也即能移动来饮水和进食。在抑制活动的温、湿条件下，生长停滞。这些因素的影响是迅速的，其对蜗牛活动有利的变化能促进生长。然而，过大、过于频繁的变化会给蜗牛造成不适，导致生长迟缓，甚至死亡。

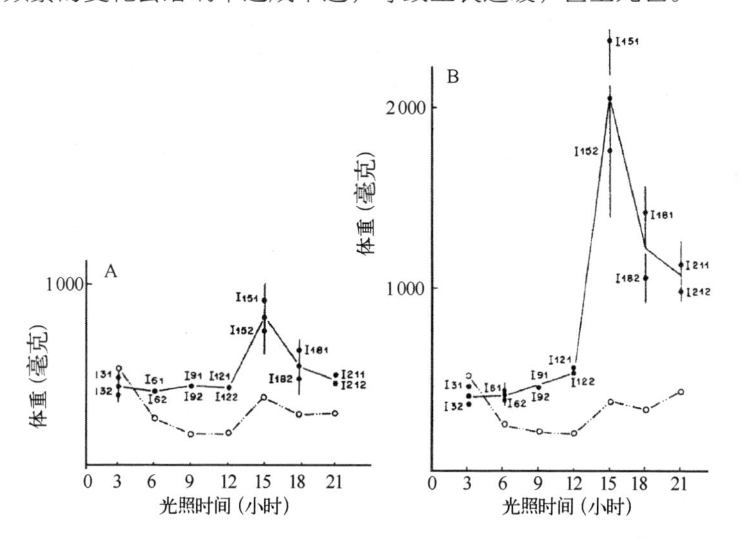

图2.16　出生7周（A）和10周（B）的蜗牛7组，在不同的光照时间下每组的平均体重（•）和死亡率（◦）每组分两个样本，每个样本有50只蜗牛（比如：I 3组＝样本I 31＋样本I 32图中竖线简绘出样本间的误差）。温、湿条件：20℃，85%。

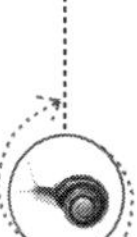

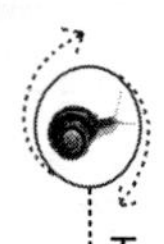

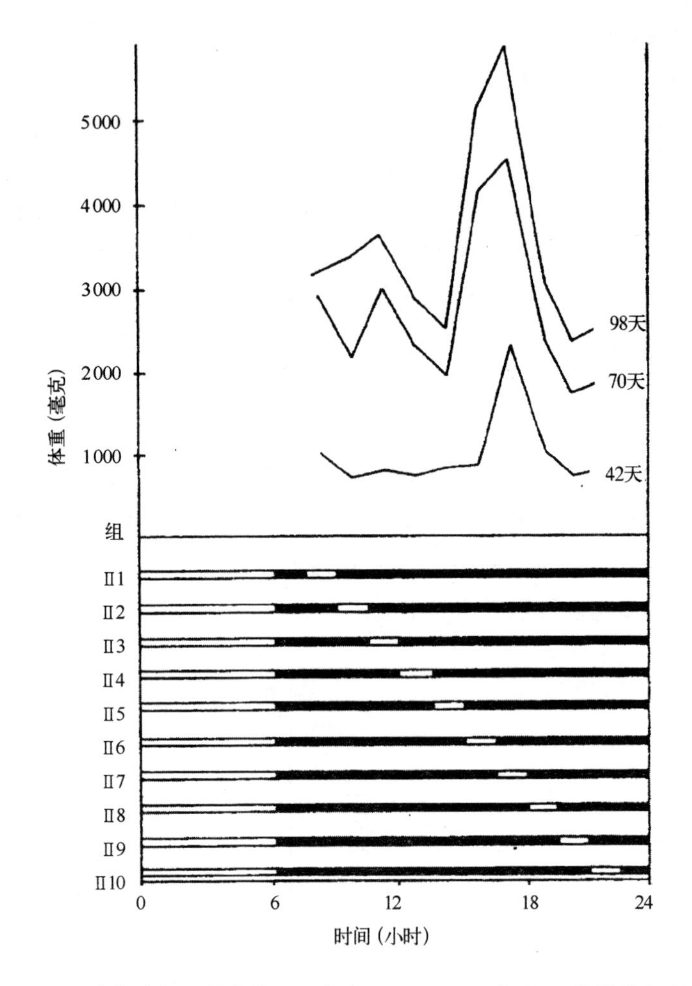

图 2.17　在恒定温、湿条件下，出生 42 天、70 天和 98 天的蜗牛各 10 组，每组的平均体重（温度：20℃，相对湿度 85%，使用不均等光周期）

3. 冬眠

冬眠期生长停滞，冬眠结束后，蜗牛重新开始生长，速度惊人。勒冈指出，蜗牛拥有一种“补偿性生长”现象。小蜗牛经过不同时间的人工冬眠（1 个月、2 个月、3 个月），接着 20 周后总体重持平（图 2.18）。

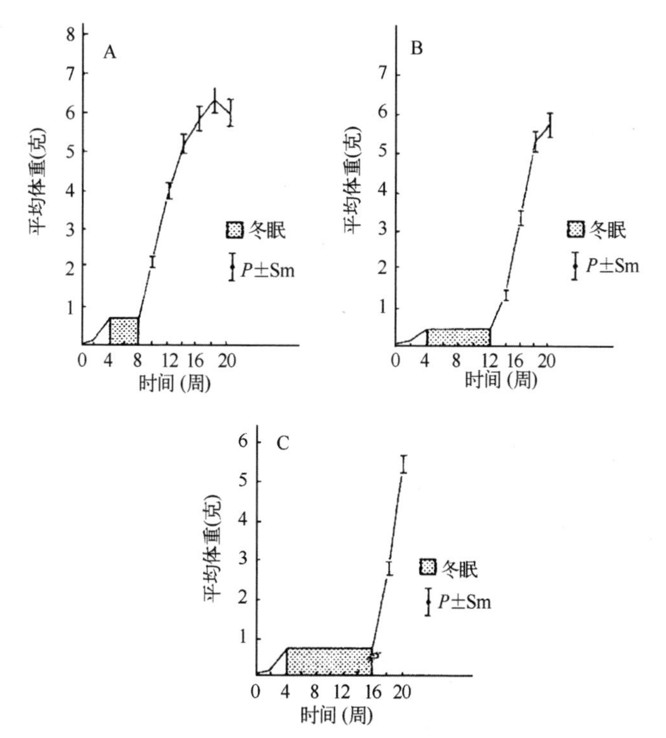

图 2.18　在受控条件下，三组家养蜗牛的生长曲线（温度：20℃，相对湿度：85%，光照周期：昼 18 小时/夜 6 小时）。蜗牛出生时间为 1 天至 4 周，经低温室人工冬眠（温度：5℃，相对湿度：80%，光照周期：昼 6 小时/夜 18 小时），冬眠时长为：A 组：4 周；B 组：8 周；C 组：12 周

4. 密度

出生 1 天至 6 周的家养蜗牛的体重随育苗箱的养殖密度而变（图 2.19）。

在户外育肥地我们同样能观察到相同结果（图 2.20 和图 2.21）。成蜗牛比例与蜗牛死亡率随放置在相同面积育肥地（7.80 平方米）的蜗牛数量而变，其中每平方米 385 只（共 3 000 只）为最佳密度（成蜗牛比例高，蜗牛死亡率低）。过高密度养殖环境不适宜蜗牛生长，分开养殖是推动蜗牛生长的有利因素。

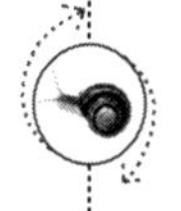

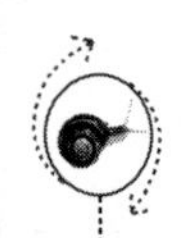

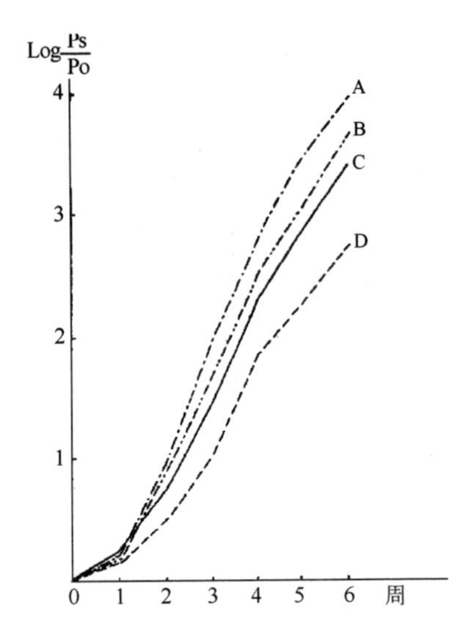

图 2.19　$\frac{Ps}{Po}$的对数变化，Ps 是第 S 周蜗牛的总体重，Po 是出生 1 天的蜗牛在实验室之初的总体重

Po 的数值如下：

A. 3.0 克（1 000 只/米^2）；B. 6.0 克（2 000 只/米^2）；

C. 12.0 克（4 000 只/米^2）；D. 24.0 克（8 000 只/米^2）；

实验条件：菌种培养箱；温度：20℃；相对湿度：85%；

光照周期：昼 18 小时/夜 6 小时

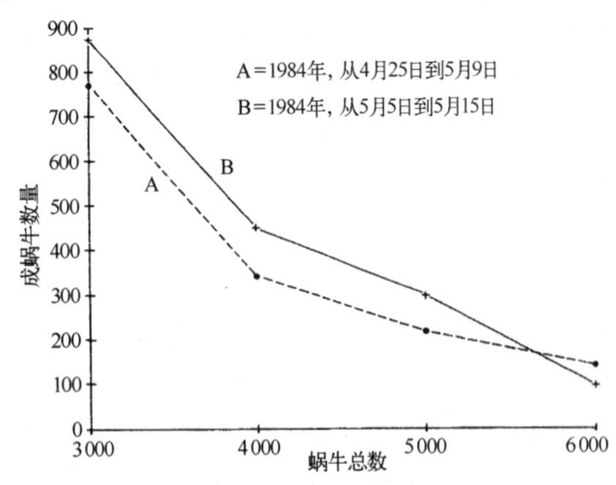

图 2.20　在 7.80 平方米户外养殖地，随养殖密度而变的成蜗牛数量（实验分 A、B 两个生长期）

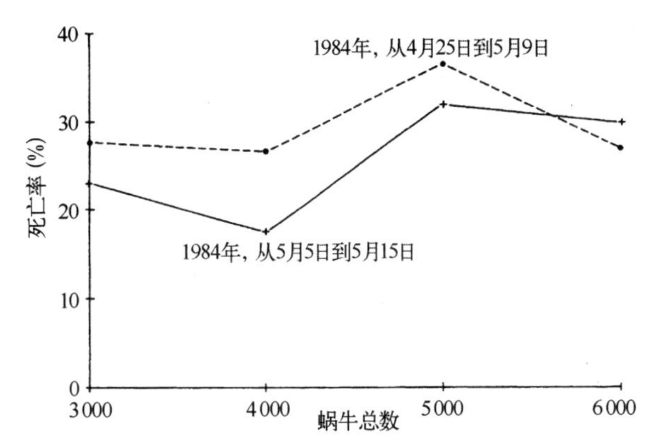

图 2.21　在小面积户外养殖地，随养殖密度而变的蜗牛死亡率（实验分 A、B 两个生长期）

这两个实验结果证明，放置密度过大对蜗牛生长不利。这里涉及一个“拥挤效应”（effet de masse）。养殖密度对蜗牛生长具有重要影响。不论是在养殖房还是在户外育肥地，我们都观察到密度过大的消极作用，具体表现为死亡率上升、生长率下降。这种消极作用通常被称为“拥挤效应”。相反，“群体效应”是积极的，为蜗牛最佳集中状态（个体间的积极作用）。

四、被捕食－寄生现象

（一）主要天敌

1. 脊椎动物

蜗牛的主要天敌之一为人类。法国每年的蜗牛采集量约 15 000～20 000 吨，这种采集强度首先导致小灰蜗牛数量骤减。其次，人类对环境的破坏行为，如使用杀虫剂、拔除树篱等，加速了自然界蜗牛的灭亡，因而法国出台限制蜗牛采集规定势在必行。

蜗牛的其他哺乳纲天敌在啮齿目和食虫目中产生。啮齿目小家鼠、田鼠和老鼠（鼠类）拥有较强的环境适应能力，能够探测到猎物的所在地并在冬眠期间找到蜗牛的聚集点，享用大量蜗牛；而爱好蜗牛的食虫目有刺猬、鼩鼱和鼹鼠。

值得一提的是鼩鼱，这类小型食虫目十分谨慎，会使用其他动

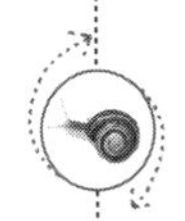

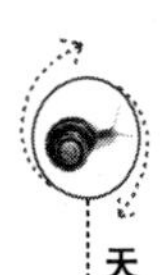

物挖掘的地洞。在法国，鼩鼱的繁殖高峰期正是蜗牛数量丰富的6—9 月。养殖者在蜗牛育肥地需保持高度警惕，严防鼩鼱入侵。

某些鸟类也是蜗牛的天敌：乌鸫和斑鸫（鸫科）在平整的石头上击碎腹足纲动物的贝壳；松鸦、喜鹊和乌鸦（鸦科）同样以蜗牛一类的陆地软体动物为食。

一些爬行纲和两栖类动物，如游蛇、脆蛇蜴、北螈，会捕食蜗牛，尽管蜗牛并不是它们的主食。

2. 无脊椎动物

许多无脊椎动物都以蜗牛为食，它们是一些鞘翅目昆虫，主要来自于4 科：萤科、隐翅虫科、步行虫科和埋葬虫科。

常见的萤科代表为一种叫发光虫的萤火虫（图 2.22），体长10 ~ 18 毫米，两性异形。雌性散发绿色冷光，拥有一对极短的翅膀，看上去像幼虫；雄性拥有翅膀，可飞行。成虫不进食；幼虫口器发达，食蜗牛。夏季常见于阔叶林、花园、公园等地。我们发现发光虫幼虫喜吃小体型蜗牛。

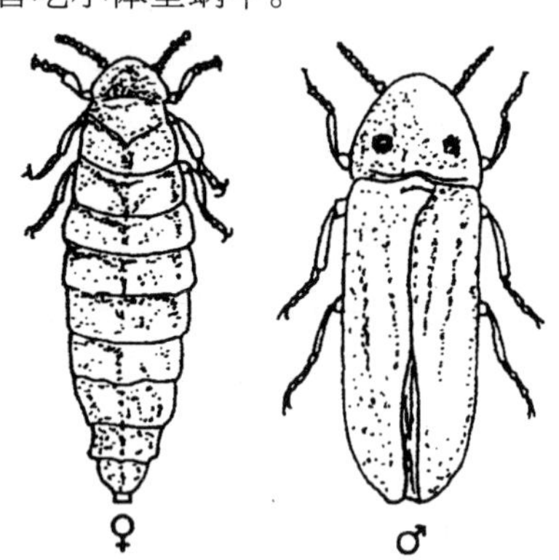

图 2.22　发光虫两性异形

隐翅虫科或隐翅虫（图 2.23）身体细长，鞘翅十分短小，腹部所占比例大，移动时腹部通常翘起。常见于潮湿地、腐烂物质间。它们中的一部分是无脊椎动物的天敌，尤其是蜗牛天敌。迅足异味隐翅虫（Ocypus olins）全身黑色，无光泽，体型大（20 ~ 32 毫米），拥有一对凸出上颚，用于杀死、吞食猎物。

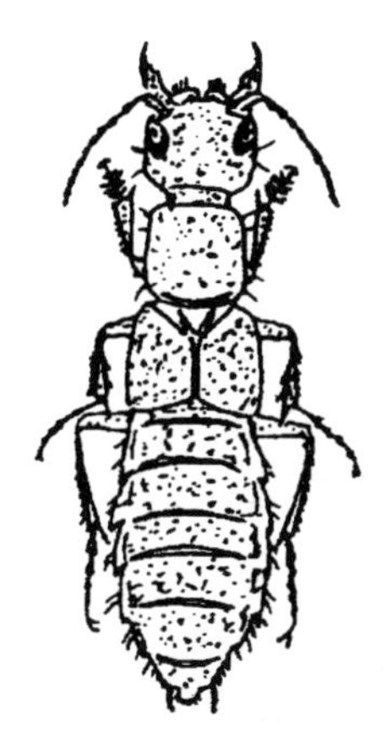

图 2.23 迅足异味隐翅虫两性异形

埋葬虫科（图 2.24）通常为黑色，身体宽扁，根据不同种类，体长变化在 6 ~ 18 毫米。栖居地与蜗牛相同，常见于花园、草地、灌木丛。其中体型较大的种类有：Silpha carinata，Silpha granulata，Ablattaria laevigata 和黑光葬甲，体型较小的种类，如 Necrophilus subterraneus 和 Pteroloma forsstroemi，体长 5 ~ 8 毫米。这两类在法国比较少见，更多出没于东欧多山地区。

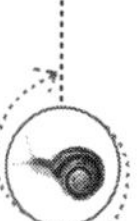

Silpha carinata

Silpha granulata

Ablattaria laevigata

Necrophilus subterraneus

Pteroloma forsstroemi

Carabe doré

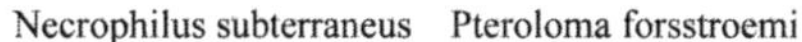

图 2.24 几种食用蜗牛的害虫

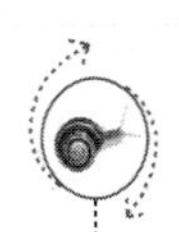

在步行虫科中，由于很难全面统计食蜗牛的步行虫种类，我们在此只列举常见的几种（图 2. 25）。Carabe doré Carabus auratus 身体较长，17 ~ 30 毫米，外皮一般为金黄色，泛铜色光泽（有时为微蓝色）。于 3—9 月广泛活跃在法国各地，常见于平原、山区。除了蜗牛，它们还吃蚯蚓和蛞蝓。Chaetocarabus intricatus 是一种漂亮的步行虫，身体细长，20 ~ 36 毫米，为黑紫色。常见于平原及海拔中等的森林，在树皮、苔藓和陈木下。

Chaetocarabue intricatus

图 2. 25　食蜗牛的步行虫

了解蜗牛的主要天敌后，养殖者在蜗牛养殖地和储存地就需特别注意这些捕食者。在“生物学”一章中我们还将谈到。

（二）主要寄生虫

与捕食者杀死、吃掉猎物相反，寄生虫依靠寄主而生，起初并不杀死它们。寄生虫分体外寄生虫（生活于动物体外）和体内寄生虫（生活于动物器官内）。

1. 体外寄生虫

唯一常见的蜗牛体外寄生虫为能叮刺的蜱螨目——Riccardoella limacum（图 2. 26），白色，体长小于 1 毫米，寄生在蜗牛腹足上、外套腔内，食血淋巴。蜱螨目跟踪蜗牛黏液痕迹，后爬到蜗牛身上。幼蜗牛一旦感染 Riccardoella limacum，生长会变迟缓，Riccardoella limacum 数量越多，迟缓程度越严重，但不会引起死亡。

图 2. 26　蜱螨目 Riccardoella limacum

2. 体内寄生虫

蜗牛的体内寄生虫是一些线虫纲寄生蠕虫（白色蛔虫，身体呈圆柱形，无分节，寄生于动植物），属于线形动物门，与之相对的是扁形动物门，即扁虫（如双盘吸虫、绦虫）。线虫寄生分两种情况，一是幼年寄生，二是成年寄生。线虫有 1 个成虫期（繁殖期）和四个幼虫期，幼年寄生的线虫生命大部分阶段都在蜗牛体外，且寄生不是必须的，而一旦不寄生，它的所有生命阶段就完全在蜗牛体外度过；而成年寄生的线虫几乎所有生命阶段都在蜗牛体内，且寄生是必需的。

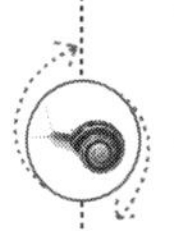

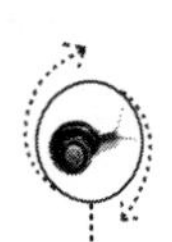

目前，蜗牛有四种常见寄生线虫。我们应将其系统分类并根据莫朗的研究对其生命阶段进行描述。由于养殖者在对抗寄生虫方面遭遇重大挫折，我们借助莫朗的大量研究对线虫纲进行了更加详细的探究。

Alloionema appendiculatum（Alloionematidae 科）（图 2. 27）是一种小型线虫纲，体长约 1 毫米，是幼年寄生线虫。

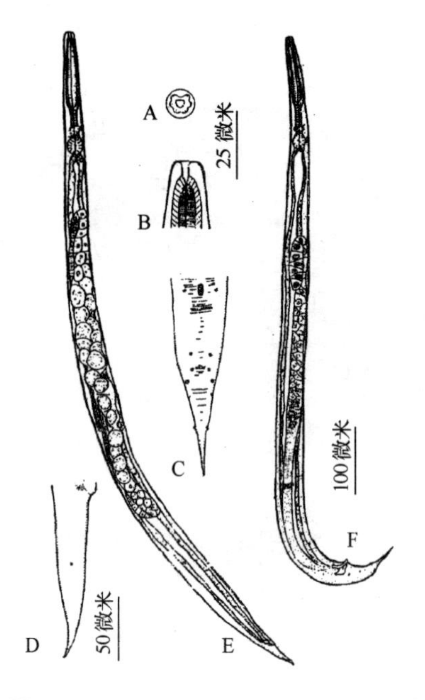

图 2. 27　Alloionema appendiculatum

A. 头部顶端，顶视图；B. 身体前段，侧视图；C. 雄性尾端，腹面图；D. 雌性尾端，侧视图；E. 雌性整体图；F. 雄性整体图（尺码：A、B 25 微米；C、D 50 微米；E、F 100 微米）

Rhabditis gracilicaudata（小杆科）（图 2. 28）也是一种小型线虫纲，体长小于 1 毫米，是幼年寄生线虫，在幼虫第 3 期寄生于蜗牛身体与贝壳之间（携播），在幼虫第 3、第 4 期寄生于蜗牛腹足肌肉的囊肿中（图 2. 29）。

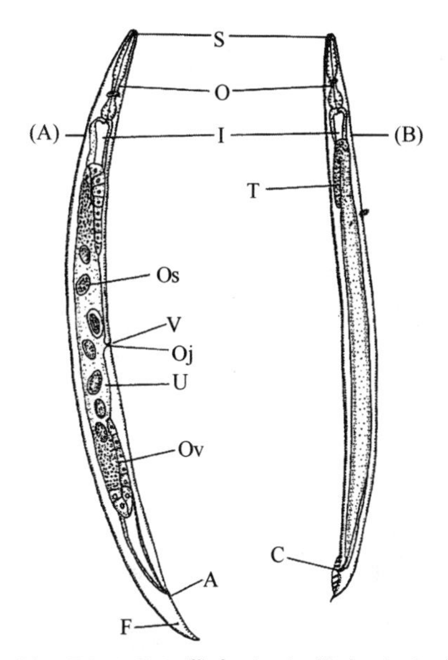

图 2.28　Rhabditis 雌虫（A）雄虫（B）简图

A. 肛门；C. 泄殖腔；I. 肠；O. 食道；Oj. 排卵管；Ov. 卵巢；
P. 尾觉器；T. 睾丸；U. 子宫；V. 阴道

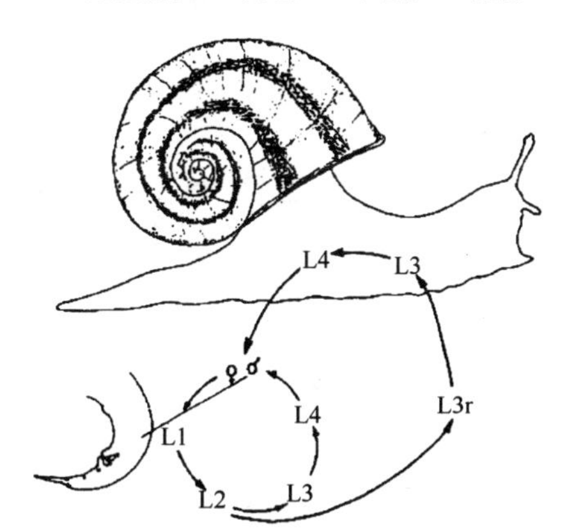

图 2.29　Alloionema appendiculatum 幼虫期寄生于散大蜗牛循

（L1、L2、L3、L4 分别是幼虫第 1、第 2、第 3、第 4 期，
L3r 代表寄生于蜗牛体内的过渡期）

散大蜗牛管口线虫（管口科）（图 2.30）是一种大型线虫纲，体长 2 毫米。是成年寄生线虫，成虫期寄生于蜗牛外套腔内，并在

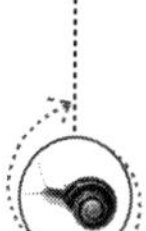

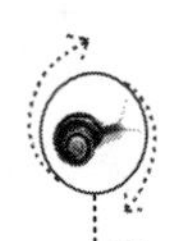

此产下第 1 期的幼虫。幼虫从蜗牛肺孔爬出，在外界环境下发育至第 2 期（图 2. 31）。第 1、第 2 期的幼虫便寄生于蜗牛身体与贝壳之间，在此发育至第 3 期，接着搬回外套膜腔，等待成虫期到来。

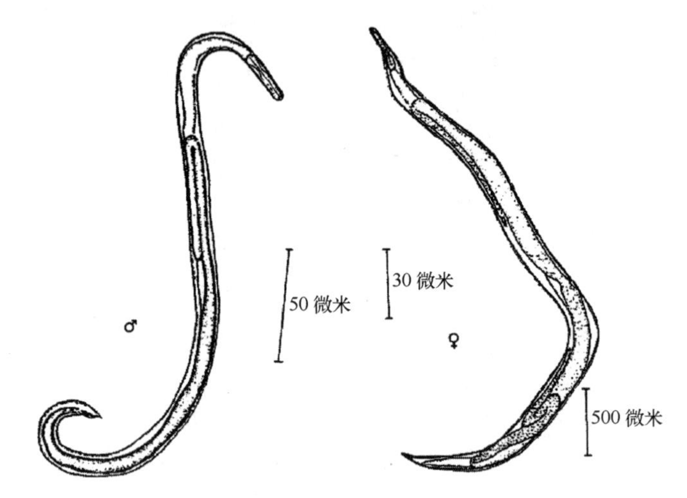

图 2. 30　牛管口线虫

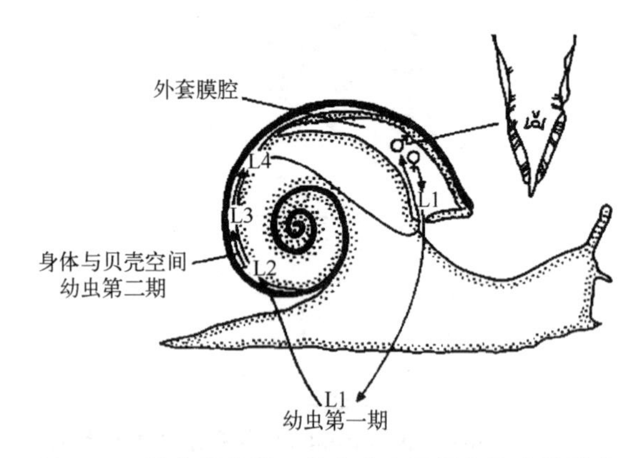

图 2. 31　散大蜗牛管口线虫寄生于蜗牛外套膜腔内

Nemhelix bakeri（丽尾科）是寄生于蜗牛生殖器的大型线虫纲，是成年寄生线虫，成虫体长约 2 毫米，于成蜗牛交配时侵入，始终在其体内寄生（图 2. 32）。

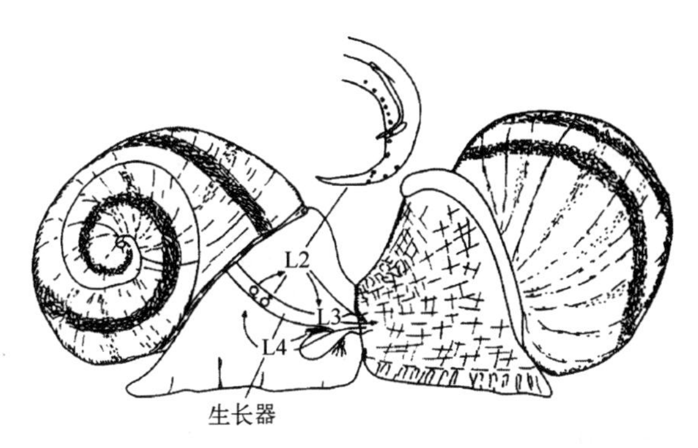

图 2.32　Nemhelix bakeri 寄生于蜗牛生殖器

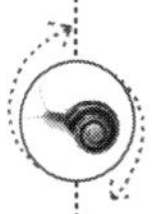

3. 线虫纲的致病性

虽然不能明确线虫纲的致病性，但我们知道线虫纲有两大致病因素。内在因素：对寄主具有机械性或毒性损伤；外在因素：在寄主体内传播致病细菌。仅有 Alloionema appendiculatum 和 Nemhelix bakeri 两种线虫纲导致蜗牛生病，实验中受感染蜗牛的死亡率与另两种线虫纲的侵入率并没有表现出明显的相关性。Alloionema appendiculatum 在有利于其繁殖的条件下能引发幼蜗牛大量死亡。蜗牛出生 5 周以上，便能够抵挡线虫纲侵入。

寄生于蜗牛生殖器的 Nemhelix bakeri 似乎并不致蜗牛大量死亡，但会导致蜗牛繁殖力大大降低。养殖中出现线虫纲是多方面原因造成的（被寄生的蜗牛来自于自然界、养殖地，还是产卵土地），目前能找出明确原因如图 2.33 所示。

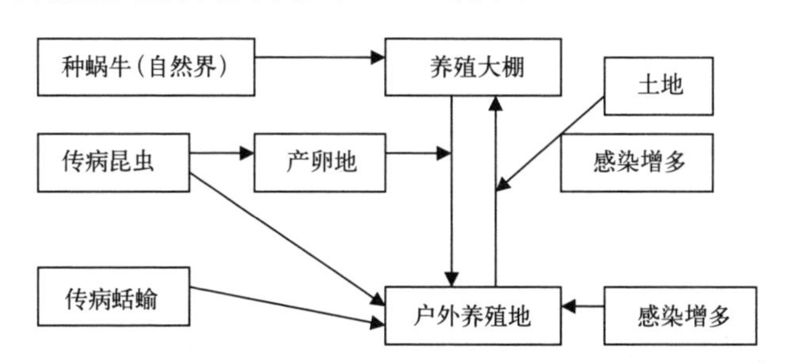

图 2.33　在散大蜗牛养殖中线虫纲的侵入和增多

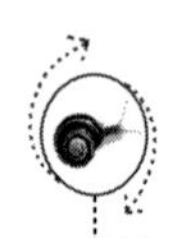

4. 防治手段

今日还没有一种消灭蜗牛寄生线虫的特殊产品，我们可以用消灭其他动物寄生线虫的产品来代替，但需在兽医的指导下使用，因为我们还不确定这种产品是否具有毒副作用。

有效对抗寄生线虫要求养殖者细心留意、严防死守。严格维护养殖地、定期用漂白水对设备进行消毒都能降低寄生率。使用无机产卵基质，如河沙，也能改善卫生条件，降低感染几率。

五、散大蜗牛生物学—混合养殖

我们在书中列举的几位作者：德·诺德、布瓦梭、拉诺尔维尔、卡达特、谢瓦利埃（Chevallier）、巴拉图（Baratou）、罗塞莱特、奥贝尔（Aubert）于1909—1987年均经过了大量的实践，对可能的财务状况进行分析，并给出一个使用此方法进行养殖的实例，旨在提出有效的养殖方法，并给使用此方法的养殖者带来增收希望。

（一）养殖地特点

与其他养殖一样，蜗牛养殖需要既适合蜗牛生长又经济实惠的养殖地。直到1988年，我们在运用技术、应对蜗牛不同生命阶段方面已取得巨大进展，例如：找到适合养种蜗牛、幼蜗牛的箱子。此阶段对于研究蜗牛生物学、确定最佳养殖环境不可或缺，但仅凭这些还不足以进行大批量生产，形成养殖产业。因此，我们在这里介绍一种养殖方法，它会在未来几年经历多次改动，但就目前而言，我们认为它是既符合蜗牛生物学特点又可以在现有环境、经济条件下实现的最佳方案。

我们使用有空气调节设备的养殖房和户外育肥地，一方面可使蜗牛反季节繁殖，另一方面能利用设备轻松维护蜗牛生长地。这便是我们所说的“混合养殖方法”。

1. 养殖房

在此，我们以法国农科院马涅罗多学科实验站的实验养殖地为例。此养殖房过去为鸡棚，占地260平方米。借助6厘米厚的发泡胶，屋顶与墙壁分隔开来。地面是一块混凝土板，配有排水管。

原有的窗户被卸下，通过密封日光灯管照明。安装对流型暖气设备及控湿设备。每个房间均有4个供水点。繁殖室、育苗室、冬眠室分隔而设（图2.34）。

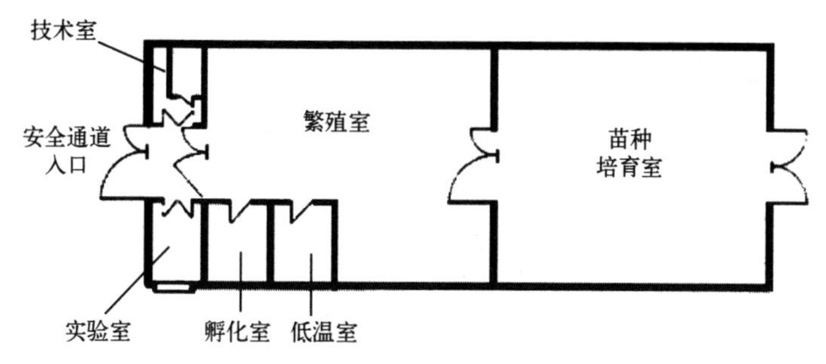

图2.34　养殖房平面图

（1）冬眠室

容积为20立方米的冬眠室可容纳40 000只成蜗牛。配备一套制冷装置（保证室温为5℃）及一根连接编程器的40瓦日光灯管。无控湿设备，但我们发现室温为5℃时，空气相对湿度固定在85%。

冬眠期我们把200个蜗牛一组放入与繁殖期所用相同的箱子中。这些箱子可堆在架子或搁板上，摆放时要避免与室内墙壁接触，留出部分空间（10立方米），保证通风。

（2）繁殖室

繁殖室占地100平方米，配备摆放繁殖箱的带孔角钢横架。每个横架高1.70米，宽0.55米，长4.25米，有4层，可放32个繁殖箱。通过聚氯乙烯材质的中央供水沟，系统连续不断地给每个箱子供水。15个40瓦密封日光灯管分散安装在离地2.50米处，与一个定时编程器相连，负责均匀照明。房间依靠带有双恒温器的水循环取暖器控温，高温时利用抽气系统通风。为了保证卫生安全，我们使用紫外线杀虫灯来防止室内昆虫激增。

繁殖箱（图2.35）上面部分使用聚苯乙烯盒（泡沫塑料盒），开口处装金属网。每个箱子底部都有一层塑料网，网眼边长为10毫米。底部中心有一个热成型的聚氯乙烯饮水槽安装在供水沟内。为了保证箱内的相对湿度，底部垫有浸了水的无纺土工布

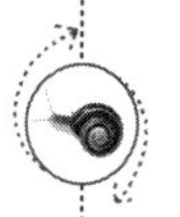

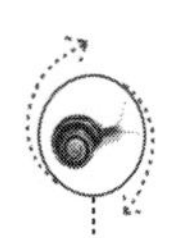

（Septofeutre 或 Bidim C10）。箱中还有两条塑料布作食槽、4 个装有沙子的透明产卵盒（苗木培养工使用的带孔小花盆）。

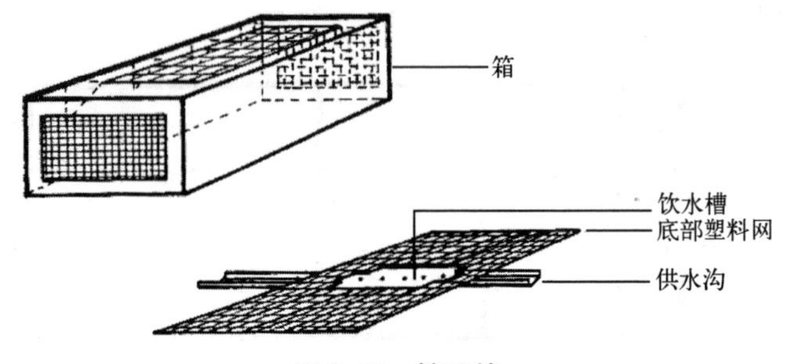

图 2. 35　繁殖箱

（3）其他类型容器

前面所述的养殖箱是实验所用的一种容器，在实际养殖过程中有一些不便之处。一年前我们开始使用一种新型容器，即塑料布做成的吊床，四周装上电围栏，底部是塑料网（图 2. 36），中间有一块可拆卸的塑料板，保证长期供水，有时充当食槽和蜗牛庇护所。每个吊床上有 20 个产卵盒，放置在与中央塑料板同一水平面的金属杆上。

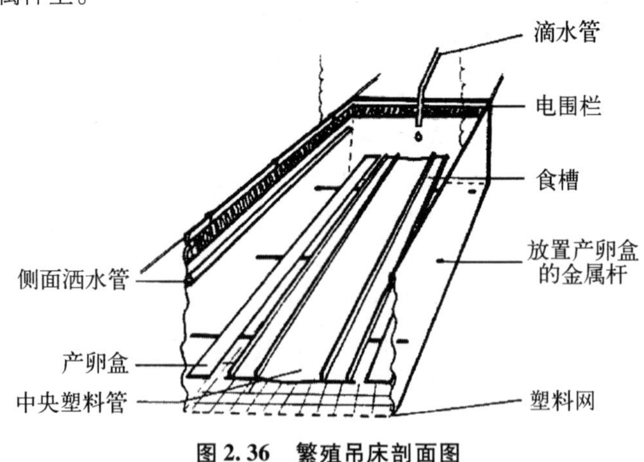

图 2. 36　繁殖吊床剖面图

（4）孵化器

①含基质孵化法。此方法让卵孵化在原来的产卵盒内。产卵盒

放在留有2厘米边缘的镀锌箱里，底部铺一层潮湿的合成泡沫。由于幼蜗牛出生后表现出背地性和向光性，在孵化期间需要将产卵盒放到底部有孔的不透光盒子中，并在每个盒子上盖一块透明塑料板，以便孵化结束后将幼蜗牛取出。合成泡沫在孵化基质中通过毛细孔上升保证所需湿度。这种有趣的方法从其成本和操作过程来看都不必使用特殊场地，因而此类孵化器可安装在繁殖室或育苗室利用周围环境。

②无基质孵化法（图2.37）。使用此方法需在一个9平方米的单独场所，配有电放热器、两个供水点和一根连接定时编程器的40瓦密封日光灯管。在中央走廊两侧，箱子两个一组利用船用胶合板和合成树脂叠放在一起，放于镀锌角钢横架上。利用加热和水泵系统，一条高3厘米、恒定水温为25℃的水流在箱内流动。

卵在局部安装金属网的有机玻璃箱中孵化。

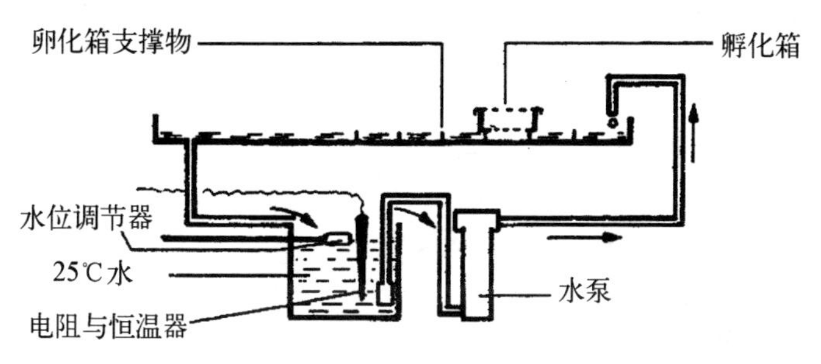

图2.37　无基质孵化器简图

（5）育苗室

育苗室占地100平方米，控制温湿度的装备与繁殖室相同。15根日光灯管连接着一台有编程的微型电脑，每日增加2分钟的光照时间。体积较小的横架也配备接续供水系统。横架有5层，共容纳50个育苗箱。同样，育苗室有鼓风机，在高温时节抽气通风；紫外线杀虫灯，防治飞虫。

育苗箱边缘是船用胶合板，上面是塑料防蚊网，底部是聚氯乙烯挤出硬板，中间凿有5个2毫米小孔。板上铺一层被供应水流浸湿的合成泡沫和无纺土工布，织布上有2个塑料食槽（图2.38）。

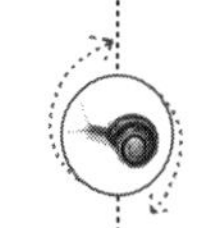

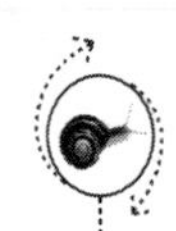

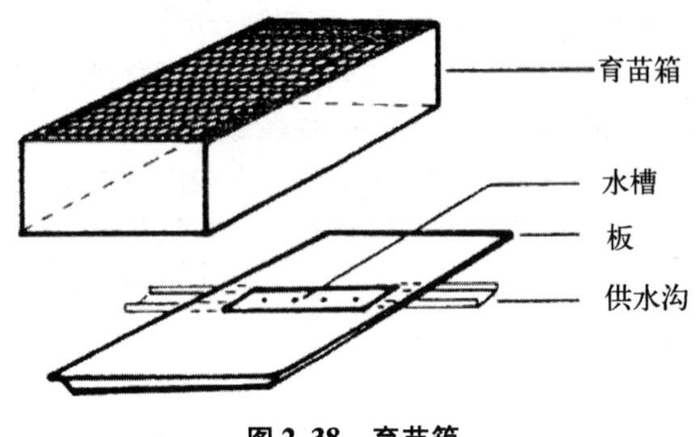

图 2.38　育苗箱

2. 户外育肥地

(1) 小型户外育肥地（图 2.39）

小型户外育肥地建在室外，目的是促进从育苗室出来的幼蜗牛生长。面积达 7.80 平方米（6.50 米 × 1.20 米），四周由高 0.80 米、厚 12 毫米的石棉水泥板围成，用螺栓固定，下部埋入 0.20 米深。在内部，土被挖开并填满一层玻璃碎片（0.10 米），上面盖上镀锌金属网（网眼边长 10 毫米）和腐殖土（厚度 0.20 米），防止土中啮齿目天敌入侵。封口盖采用带网（防蚊网或遮阳布）木质边框，有两大用途：一是防鸟类（乌鸫、斑鸫）和一些飞虫类天敌（埋葬虫、发光虫）；二是防蜗牛逃跑。

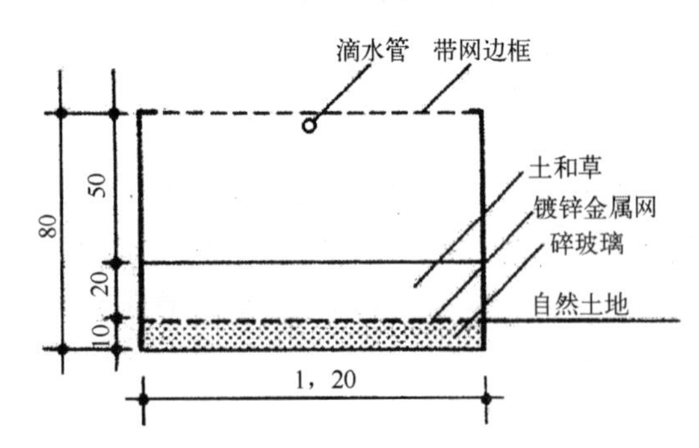

图 2.39　一小型户外养殖地剖面图（单位：厘米）

内部配备。植被是小型户外育肥地的基础配备，它保证了高湿度和排泄物的循环利用。我们播种黑麦草或三叶草，并在育肥地内部放置“庇护所”与食槽。由 1 米长的木板（未加工的白色冷杉木）搭建的屋顶状“庇护所”覆盖在硬塑料食槽上。每个育肥地有 10 个这样的结构，使胶合板组成的庇护所靠近供食点。此外，庇护板具有保水性，能营造凉爽、湿润的小气候，有利于蜗牛活动。一条截面 40 毫米的聚乙烯管横穿育肥地，每米配备一个喷雾器，负责洒水。它由一个连接定时编程器的电动阀门控制。育肥地附近还安装了一个测湿器，在下雨时负责关闭洒水系统。

（2）大型户外育肥地（图 2. 40）

大型户外育肥地为温室大棚，由镀锌管与遮阳布（类型与小型育肥地封口盖上的遮阳布相同）构成，占地 126 平方米（18 米 ×7 米），中心高度为 3 米。大棚的底座为一块混凝土承椽板，其表面固定一层网眼边长为 10 毫米的镀锌金属网。养殖区域覆盖植被，中间铺有石灰质碎石路。育肥地内部四周是 50 厘米高的石棉水泥板，围成一圈矮墙，并装有电围栏，防止蜗牛爬到温室上部。中间安置两个洒水喷头，与时钟和电动阀门相连，实现定时洒水。

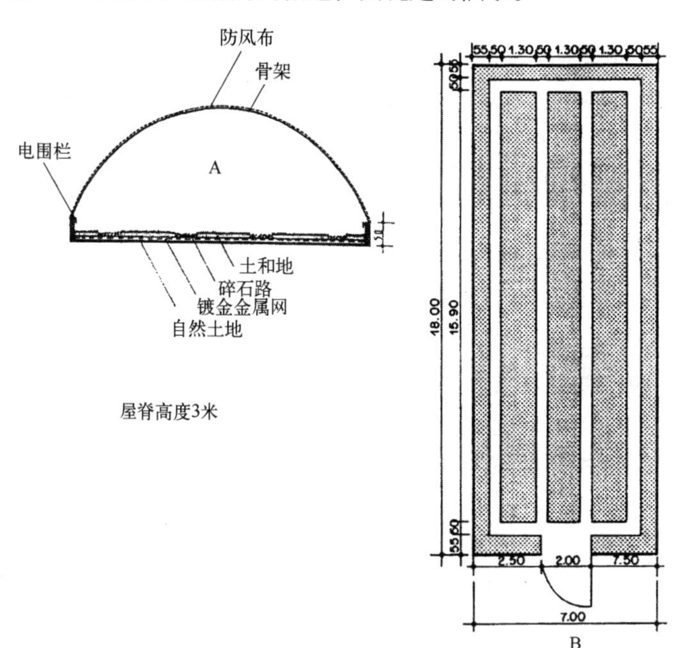

图 2. 40　大型户外育肥地剖面图（A）与平面图（B）（单位：米）

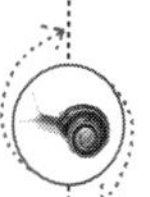

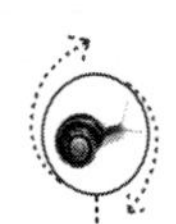

内部配备。如同小型育肥地，大型育肥地养殖区域每年播种，有植被覆盖，共安置52个长2米的木质庇护所。庇护所下盖着聚氯乙烯塑料食槽，盛放干燥饲料。每个养殖区域的结构特点（植被、庇护所、食槽）都与小型户外育肥地相同（图2.41）。它作为多个由碎石路分隔的小型育肥地的集合，拥有一套共用的防捕防逃系统，养殖区域总面积达87.15平方米。

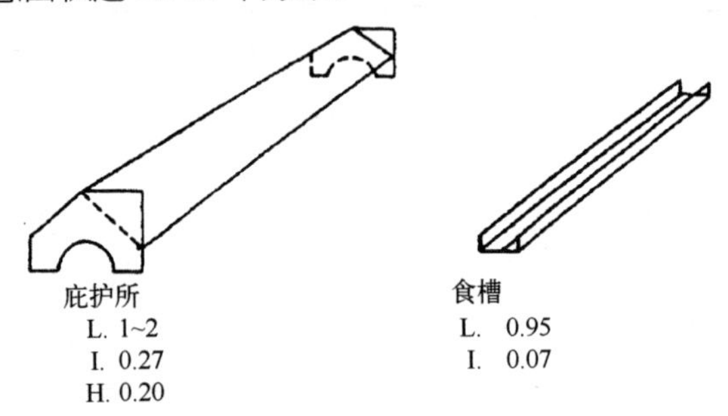

图2.41 庇护所与食槽简图（L代表长度，I代表宽度，H代表高度，单位：米）

3. 各种设备

混合养殖需要使用小型设备来维护养殖地及处理蜗牛。主要有：洒水管与洒水喷头，清洗养殖箱和养殖吊床；油灰刀，清除养殖箱及食槽残垢；塑料小棒，取放幼蜗牛；塑料箱、盆，转移蜗牛。

另外，还需要一个大水池来清洗设备。土工布要用漂白水在洗衣机中清洗和消毒。最后，设备栏中不可缺少一个最大量程为25千克的天平，称量精确到克，以便估算育肥地中幼蜗牛的数量及获得的产量。

4. 不同设备间的比较

投资决定收益。马涅罗实验站最初使用繁殖箱、小型户外育肥地等，获得良好养殖效果，并有效防治天敌入侵，但这是为取得生物学相关数据而用的实验设备，并没有考虑经济因素。专业养殖人员在运用此类技术时，除产量外，还要考虑成本、长久性和操作可行性。目前市面上很少有养殖设备能同时兼顾多方面因素。我们认为，之前介绍的繁殖吊床的养殖效果是最接近聚苯乙烯繁殖箱的，能够获得相同产量。它的优点有：操作方便；缩短了2/3的劳动时间；维护简单，卫生条件改善；更加坚固；相同的产量；投资与收益成正比。

比较两种户外育肥地（此实验是在相对较差的条件下进行的）我们发现大型育肥地产量为 2 千克/米^2，小型育肥地产量为 3 千克/米^2，但大型育肥地拥有以下优势：投资较少（大型 150 法郎/米^2，小型 250～400 法郎/米^2）且劳动时间缩短了 2/3。

通过对比，产生两个问题：技术上还可做哪些改进来提升生产速度和数量？经济上还可做哪些改进使大型育肥地的使用和建设更加合理？未来的养殖者应该思考这些问题。

在任何情况下，经济因素都可带来重大风险。目前降低成本的方法之一便是除去横向覆盖在地面上的金属网，以更加经济的防护系统取而代之，如改为在育肥地周围纵向安装一圈金属网，插入地面深度为 30～50 厘米，并为捕捉啮齿目设置诱饵和陷阱。

卫生方面，无基质孵化法是一大进步，它缓解了孵化期间寄生虫的侵入问题，但由于每天都要收集产卵盒，从里面取出卵，这种方法要求的人员数量更多。那么，是选择蜗牛会染上寄生虫病但能节约养殖时间的孵化方法，还是操作程序繁杂但能优化养殖卫生条件的孵化方法，由养殖者自行决定。我们不会给出详尽的设备清单，因为我们没有一一对比使用效果。养殖者应向蜗牛生产集团全国联合会咨询，在其帮助下制订具体地点的养殖计划。

（二）养殖方法

1. 种蜗牛的供应

探究小灰蜗牛生物学，我们还需了解基因和选种问题，以便获得高品质的种蜗牛。未来的养殖者对吹嘘“超级种蜗牛”的诱人广告应保持警惕。我们建议使用野生成蜗牛来进行繁殖，可于 5—9 月在自然中采集或在当地市场购买。

第一阶段的生产结束后，有经验的养殖者可部分使用家养蜗牛进行繁殖。他们挑选生长速度最快的蜗牛，于 7 月放入冬眠室，冬眠 6 个月。

近十年，我们观察到一只种蜗牛的繁殖量波动在 25～65 只幼蜗牛，产生差异的原因在于野生蜗牛年龄不等、受环境因素影响

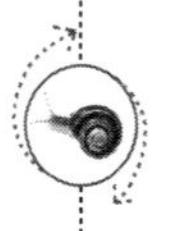

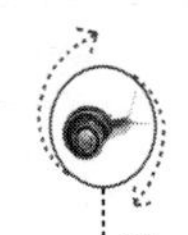

且健康状况不同。

25 只幼蜗牛/种蜗牛的繁殖量中，应考虑到 20% 的冬眠死亡率，因此，对于一个拥有 25 000 只幼蜗牛的育肥地来说，应储存 1 250 只成蜗牛用于繁殖。“25 只幼蜗牛/种蜗牛” 这个数字是 10 年间在马涅罗实验站观察到的最小繁殖量，给予养殖者一个安全保障值。

2. 冬眠种蜗牛的储存

冬眠低温室的使用让繁殖“反季节化”，于 1 月开始。因此，根据供应日期的不同，用于繁殖的蜗牛将冬眠 3 ~ 8 个月。

我们把 200 只蜗牛一组放入无食、无水、通风的冬眠箱中。在进入低温室前，我们给蜗牛准备了一个过渡阶段。此阶段的温度为 15℃，光周期为短日型，昼 6 小时/夜 18 小时。当蜗牛黏在箱子内壁上后，过渡阶段停止。我们清除死亡的蜗牛，随后将冬眠箱放入拥有如下条件的低温箱：温度 5℃；湿度 85%，无监控；光周期：昼 6 小时/夜 18 小时。

在转移冬眠箱到低温室以及冬眠期间，请勿弄下黏在内壁上的蜗牛，这点非常重要，否则将增加死亡率。

3. 结束冬眠

冬眠结束后，冬眠箱从低温室拿出，然后被放入 20℃ 的房间（如繁殖室）。每个箱子底部都有一层潮湿的土工布，目的是使蜗牛复苏。活蜗牛接着被取出，转移到干净的繁殖容器，按照 100 只/箱或 500 只/吊床的密度放置。

4. 繁殖

繁殖环境条件如表 2. 7 所示。

表 2. 7　繁殖环境条件

	昼	夜
光照时长	18 小时	6 小时
温度	20℃	17℃
湿度	75%	90%

蜗牛每周无定量地喂食一次，一复苏便开始交配，我们可以在此时将产卵盒放入繁殖箱（每箱4个），五周后取出，以便获得数量较多的卵。产卵盒装满潮湿的河沙，其透明性使我们不用翻铲沙子就能观察到卵的情况。我们把其中有卵的产卵盒拿出，置于孵化室。产卵经历10～15周。图2.42指出，63%的产卵开始于放置产卵盒后的第2～6周。另外，产卵量下滑、死亡率上升在种蜗牛身上表现尤其显著。

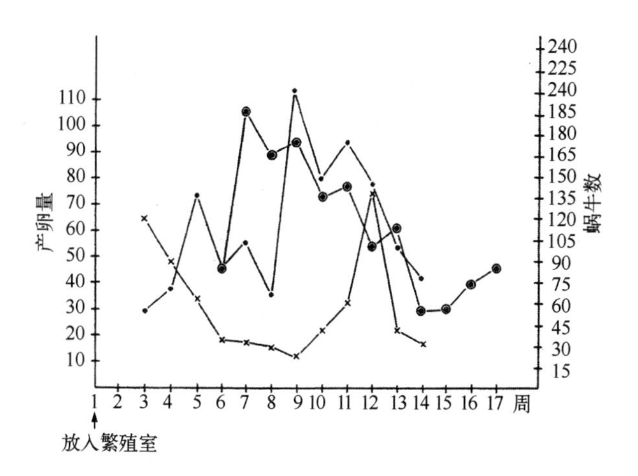

图2.42　经历低温室7个月的人工科眠后，在受控条件下，繁殖期野生蜗牛每周产卵曲线（◉），交配曲线（•）与死亡曲线（X）

（冬眠期死亡率：12%；最初蜗牛数1 000；交配总数：1 385，产卵总数：741，死亡数712）

一旦卵的数量达到满意值，我们建议出售剩余蜗牛以供食用，因为我们观察到繁殖过的蜗牛在冬眠期间死亡率高达50%。

5. 孵化

（1）含基质孵化法

产卵盒被嵌入孵化器上的不透明盒子中，接着被盖上一块透明的有机玻璃板。蜗牛在20℃条件下孵化20～21天出生。出生时，幼蜗牛黏在透明盖子下，我们每日借助塑料小棍或通过刮擦方式取出它们。孵化经历1～14天，因而我们把产卵盒放在孵化室2周，以便获得最多数量的幼蜗牛。为了防止线虫纲激增，产卵盒

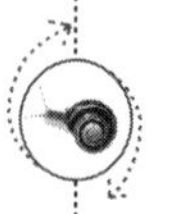

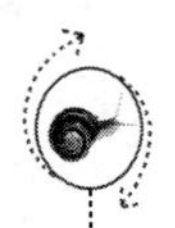

中使用过的沙子将被丢弃。

（2）无基质孵化法

使用这种方法时，卵要被拿出产卵盒，在温水中清洗(25℃)，随后15克一组放入无基质的孵化箱中。在25℃的条件下，幼蜗牛孵化2周出生。

6. 育苗室

幼蜗牛在育苗箱中培育，养殖时间随其出生日期而变。较早出生（2月中旬）的蜗牛每箱放10～15克，在箱里呆6～7周；较迟出生（3月底）的蜗牛每箱放20～30克，在箱里呆1～2周。育苗期间，喂食无定量，一周一次，蜗牛体重每2周增长1倍(图2.43)，死亡率在10%～50%。

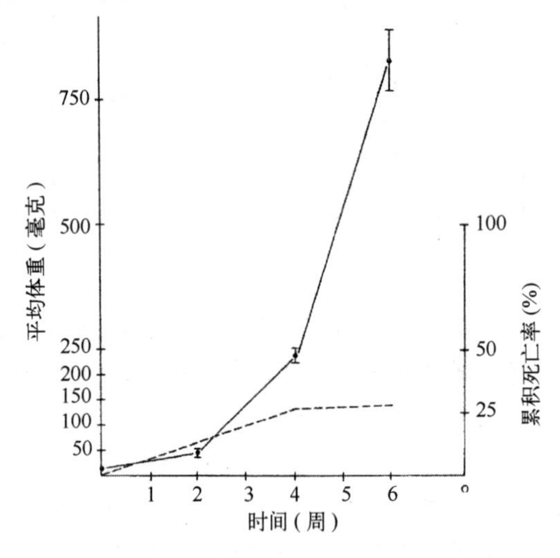

图2.43　0～6周蜗牛的生长曲线（实线）和死亡曲线（虚线）（竖杠描绘出标准误差）

7. 户外育肥地生长

育苗阶段结束后，幼蜗牛被移到户外育肥地生长。小型育肥地放3 000只，大型育肥地放30 000只（通过称重来计算或估算）。幼蜗牛尽可能均匀地分布在庇护所下的食槽附近，每米300只。喂食一周一次，饲料量根据蜗牛进食量调整。为了避免蜗牛夏眠，我们一天洒 3～4 次水（0：00、6：00、12：00、18：00），根据安装设备和时钟准确性的不同，每次持续 5～10 分钟。我们使用喷雾器和洒水喷头两种洒水装置。喷雾器更节约水源，它洒出的水流更细、更均匀，但需要的水压也更高。在生产季节，育肥地每平方米平均覆盖 1 立方米的水。

户外育肥地的使用日期取决于气温，我们选择结冰几率较小的时节。实践上，在普瓦图－夏朗德，户外育肥地的使用始于 4 月，第一批成蜗牛收获于 7 月，接下来每隔 15 天收获一次。缩小养殖密度有利于剩余蜗牛生长，继续添加成蜗牛对养殖有害，因为除了浪费饲料、造成经济损失外，成蜗牛还将交配、繁殖，而我们知道这会引起高死亡率（参见“繁殖”章节）。收获的成蜗牛将尽早出售，但由于市场原因，一段时间的储存是有必要的，在干燥通风处储存 15 天较为适宜。此外，使用低温室冬眠种蜗牛时需更加谨慎，干燥作用导致蜗牛体重下降 30% 或者死亡。

在小型育肥地，1988 年成年小灰蜗牛的平均产量为 3 千克/米^2，1989 年达到最大值，为 4.4 千克/米^2。这些蜗牛除去 20% 的死亡率，剩下的 80% 蜗牛的最初平均体重为 10 克。在大型育肥地，1989 年成蜗牛的平均产量为 2.1 千克/米^2，最初平均体重也为 10 克。大、小型育肥地中的蜗牛年龄相同，均在 4—6 个月（表 2.8）。

表 2.8　小型户外养殖地使用情况

周	饲料（克）			成蜗牛			累计			
	放入	清除	保留	累计	数量	总体重（克）	平均体重（克）	数量	总体重（克）	平均体重（克）
16	500	100	400	400						
17	500	100	400	800						
18	500		500	1 300						
19	500		500	1 800						
20	1 800		1 000	2 800						

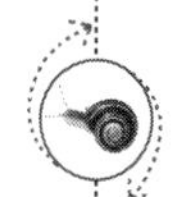

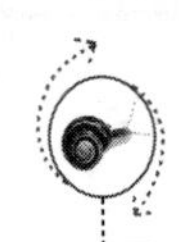

续表

周	饲料（克）				成蜗牛			累计		
	放入	清除	保留	累计	数量	总体重（克）	平均体重（克）	数量	总体重（克）	平均体重（克）
21	1 500		1 500	4 300						
22	2 000		2 000	6 300						
23	2 500		2 500	8 800						
24	3 000		3 000	11 800						
25	3 500		3 500	15 300						
26	4 000	200	3 800	19 100						
27	4 000		4 000	23 100						
28	5 000		5 000	28 100						
29	5 000		5 000	33 100						
30	1 500	100	1 400	34 500	2 558	27 732	10. 86			
31	1 500	100	1 400	35 300						
32	1 500	200	1 300	37 200						
33	1 500	200	1 300	38 500	316	3 371	10. 66	2 874	31 163	10. 84
34	200		200	38 700						
35	200		200	38 900						
36	200		200	39 100						
37	200	100	100	39 200						
38	200	100	100	39 300						
39	200	100	100	39 400						
40					78	811	10. 39	2 952	31 974	10. 83

注：蜗牛起初数量：3 000 只，放入养殖地日期 1987 年 4 月 15 日，蜗牛起初年龄：6 周，起初重量：890 克，成蜗牛数量：2 952 只，平均体重：10. 83 克，未成年蜗牛数量：10 只，平均体重：8. 0 克，死亡数量：38，收获蜗牛总体重：32 054 克，于户外养殖地增长重量：31 164 克。养殖地消耗饲料：39 200 克，消耗指数：1. 258。

8. 维护

（1）周维护

养殖房中，维护包括对设备的清洗。我们更换养殖箱内的土工布和塑料食槽，在普通洗衣机里用漂白水进行清洁和消毒；用低压（2 千克/厘米^2）洒水喷头清洗养殖吊床。

养殖房地面每周用大水清洗。漂白水作为普通消毒剂使用。

户外育肥地中，应清除陈饲料，清理食槽，放上新鲜饲料，取出死亡蜗牛。

（2）年维护

养殖房一年消毒一次（墙壁、天花板、地面）。消毒时，所有蜗牛被转移。我们清洗场地，用次氯酸钠液进行消毒，并刷洗设备，接着保持场地空旷状态至少一周再重新开始养殖。

户外育肥地的庇护所、食槽及木质框架被清除。洗净后的木框置于干燥处储存。

我们翻耕土地表面，于 10 月重新播种。秋季，我们使用三种化学农药：硫酸亚铁，防苔藓生长；氰氨化钙，降低土中线虫率；细粒状甲硫威或四聚乙醛作为诱饵，有效防止灰蛞蝓或黑蛞蝓激增。在缺乏防治措施情况下，蛞蝓侵占户外育肥地，增加饲料消耗量。诱饵 15 天更换一次，直至结冰期。

9. 养殖计划

（1）一年生产计划（图 2.44）

一年的生产需要利用 4—9 月生长旺季，使幼蜗牛在户外育肥地中连续生长。

为了让蜗牛在 4 月进入育肥地生长，繁殖和种蜗牛的冬眠应“反季节化”。种蜗牛于 5 月底从自然界采集，接着储存在 5℃ 的低温室中，冬眠 7 个月后，它们于 1 月进入调节期，重新活动。2—4 月，养殖房中进行三样活动：繁殖、孵化与育苗。根据气候条件的不同，幼蜗牛于 3 月底或 4 月初从育苗室拿出，投放户外育肥地。我们由此在 4 月 1—15 日获得一批在育苗室培育了 2 ~ 6 周（时间随蜗牛出生日期而变）的幼蜗牛。

户外育肥地于 9 月底完全清空，70% ~80% 的蜗牛已成年。第

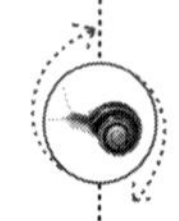

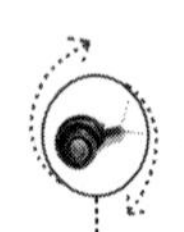

一批成蜗牛收获于6月底或7月初。

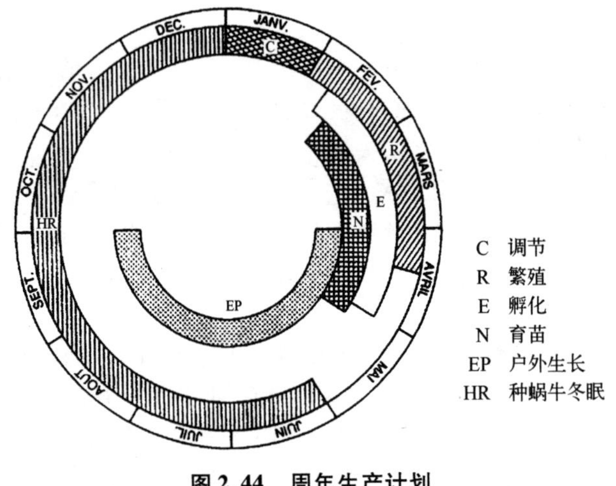

图 2.44 周年生产计划

（2）两年生产计划

在繁殖期稍晚的情况下，即4—6月，幼蜗牛则于6月才出生，并不能在9月底结束生长。它们将于10月至翌年4月被收集、储存在低温室中，待4月开始第二个生长期，以便于5月底、6月初发育为成蜗牛。幼蜗牛进行第二个生长期时，养殖者开始关注种蜗牛的繁殖，待前一批成蜗牛收获后将新一批幼蜗牛重新填满户外育肥地。

在生产过程中，养殖者既可以使用前一年5月收获、储存于低温室的成蜗牛，也可以使用第二年收获的成蜗牛进行繁殖。

（3）两种方案间的比较

这两种方案互不排斥，能在养殖中联合使用。一年生产计划只储存种蜗牛，需要的低温室容积小；两年生产计划储存幼蜗牛，需要更大容积的低温室。

两年计划的主要优势在于繁殖期节约暖气，但也有三个缺点：第一年，养殖者不能期望有产量；两年之间蜗牛在生长停滞期需要被连续地拿放，贝壳有被弄坏的风险。第二年，蜗牛从成年到繁殖速度迅猛，养殖者在收集蜗牛时应小心留意。

第二节 白玉蜗牛生物学及养殖技术

目前，世界上人工饲养的蜗牛品种主要有白玉蜗牛、散大蜗牛、亮大蜗牛、盖罩蜗牛、非洲褐云玛瑙螺等5个品种。其中白玉蜗牛以肉色洁白而得名，简称白蜗牛。该品种是1982年台湾屏东市农业教授张文远和南投县的农民陈恒裕从褐云玛瑙筛选培育而成，因其头、颈、腹足、身体肌肉洁白如玉而得名。白玉蜗牛生长速度快，个体大，此品种是目前人工饲养品种中个体最大的一种，体重最高可超过600克。它产卵率在目前所饲养的品种中独领风骚，饲养成本低，该品种在我国占有95%以上的市场份额。

白玉蜗牛（图2.45）又称白肉蜗牛，以肉质细嫩、洁白、营养丰富、味道鲜美而著称于世，是蜗牛品种中的精品其品种很大发展前途。白玉蜗牛适合在我国绝大部分地区养殖，而且饲料来源非常广泛。我国地处亚热带，气候温和、雨量充沛、空气湿度大，青绿饲料多，不论南方、北方一年四季均可引种饲养，不受区域地理环境的限制。

白玉蜗牛是高蛋白、低脂肪、不含胆固醇的高级保健食品。它对环境很敏感，饲养饲料尤其是青绿饲料必须是没有施用过化肥农药等污染饲料。发展蜗牛养殖业成本低、效益高、健康环保，不受场地和环境的限制，管理简便，规模可大可小入行门槛低。目前，我国每年的蜗牛年产量不足四万吨，其中大部分蜗牛是以原料供应给国内的饭店和西餐厅。虽然消费量逐年递增，但是人均年消费还不到50克。如果我们能把香草和蜗牛在加工环节有机的结合，开发出更多的深加工产品，蜗牛的市场前景将变得更加广阔。

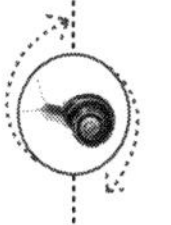

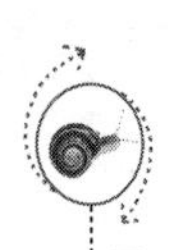

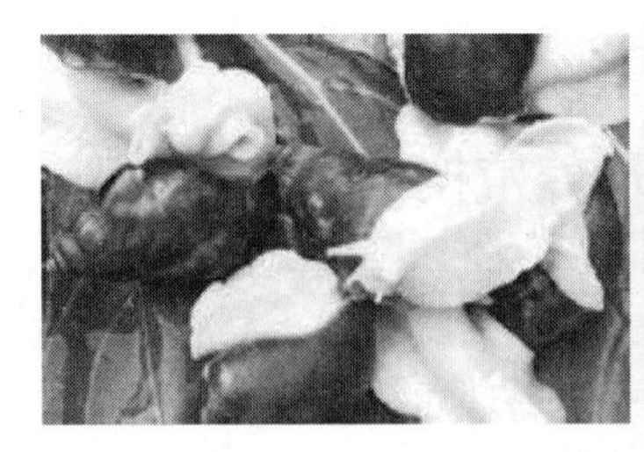

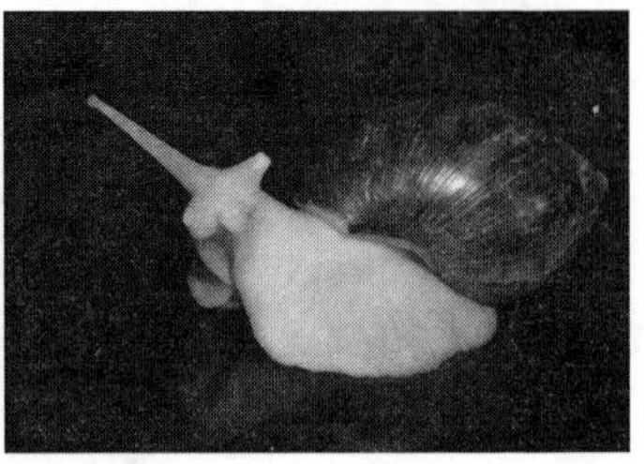

图 2.45　白玉蜗牛

一、生物学特性

(一) 形态特征和内部构造

白玉蜗牛，别称中华白玉蜗牛，在动物分类学上隶属于软体动物门 mollusca，腹足纲克 astropoda，肺螺亚纲 Pulmonata，柄眼目 Slylommatophora，玛瑙螺科 Achatinaidac。白玉蜗牛是玛瑙螺科褐云玛瑙螺 *Achatina fulica* 的一个变异品种。白玉蜗牛因头、颈、腹、足、身体肌肉白色如玉而得名，背负螺旋形的贝壳，故称为“单壳体”（图 2.46）。

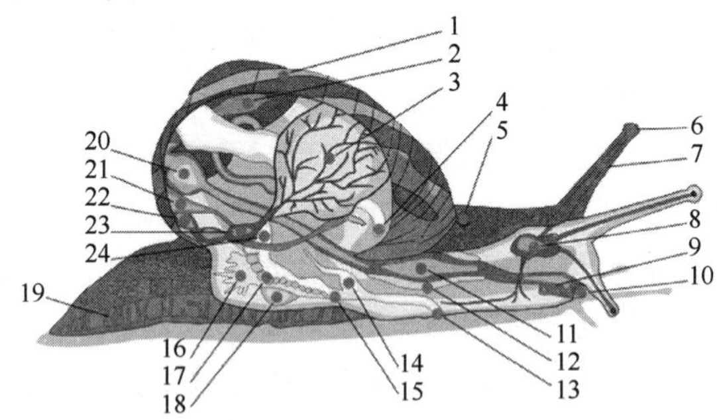

图 2.46　白玉蜗牛内部构造

1. 壳；2. 肝脏；3. 肺；4. 肛门；5. 呼吸孔；6. 眼；7. 触角；8. 脑神经节；9. 唾液导管；10. 口腔；11. 嗉囊；12. 唾腺；13. 生殖孔；14. 阴茎；15. 阴道；16. 黏液腺；17. 输卵管；18. 矢囊；19. 足；20. 胃；21. 肾；22. 外套膜；23. 心脏；24. 输精管

1. 形态特征

白玉蜗牛的外部形态包括贝壳和软体两部分。白玉蜗牛的软体部分包括头、颈、足、躯干、外套膜、内脏囊和厣。白玉蜗牛的头部很发达，呈圆筒形，位于软体的前端。头上长有一对长触角和一对短触角。一对长触角的顶端长有一对眼睛，能辨别昼夜和光的强弱。一对短触角为嗅觉器官，可闻到气味而找到食物。这两对长短触角对刺激都很敏感，易于伸缩，可以任意改变方向。在右长触角后面不远处是生殖孔，是蜗牛交配和产卵的孔道。头部下面长有嘴巴，口喙的两边有两对大小唇瓣，便于爬行觅食。颈部位于足的背面，很短，伸长是呈半圆柱形。颈后面是躯干，它与内脏囊相连，其表面有一层网状的柔软薄皮，内含大量腺质细胞，能分泌大量的黏液，以保持皮肤的湿润和黏滑。足部位于内脏囊的腹面，由肌肉纤维构成，前端较钝，后端较尖，爬行时呈舌状，能紧贴在物体表面。在足皮表面有大量单细胞黏液腺即眼足腺，该分泌无色黏液。黏液主要成分是水，约占80% ~90%。当体内损失30%的水分时，蜗牛就会死亡。从体螺部的壳口开口处，向内有一个密布血管的血脉网的腔，称为外套膜，包围整个内脏囊和交界处。交界处非常脆弱，容易拉脱落，因此手捉蜗牛时不能用力强拉，应从头部和腹足前方触摸让其自行缩回，否则会损伤连接处。外套膜的最后面是肾的基部，内脏囊被外套膜所包裹。在正常生存环境条件下，白玉蜗牛不管是幼螺还是成螺，其壳口处均无厣。当生存环境不适宜时（如冬眠、高温和养殖土、空气极干燥），蜗牛能分泌出一种和壳口同大同形的乳白色不透明的黏液膜，以此来分泌壳口。

白玉蜗牛的贝壳部分明显分为螺旋部即螺层密集部分（容纳内脏处）和体螺部即螺层稀疏部分（容纳整个头、足处）。外壳为右旋形，即螺旋向顺时针方向旋转。螺层一般为5 ~6层，也有的可以长到8层，壳能因不断生长而增大增厚。外壳表面光滑，在黄褐色或深褐色的底色上，分布着许多焦褐色或深褐色的雾状花纹。靠近壳口的体螺层膨大，其高度为壳总高的3/4。壳顶尖，螺层与螺层之间的缝合线较深。贝壳的主要成分为碳酸钙，占总量的

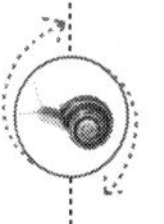

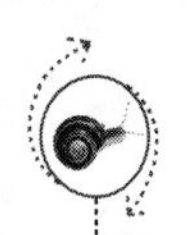

95%以上，其次是少量的贝壳素、有机物、无机盐及其他氧化物。贝壳由外套膜表皮细胞分泌而成，分3层：最外层具有壳皮的一层称角质层，中间的一层称棱柱层，最里面一层为具有珍珠光泽的珍珠层。贝壳是白玉蜗牛的保护器官，活动时头和足伸出壳外，活动时若遇到刺激或敌害，便缩入壳内安全避难。

2. 内部构造

白玉蜗牛内部器官包括消化系统、呼吸系统、循环系统、神经系统、排泄系统、生殖系统。

（1）消化系统

白玉蜗牛的消化系统由消化道和消化腺两部分组成。消化道包括口腔、咽头、食道、嗉囊、胃、肠、肛门等部分，消化腺有咽腺、唾液腺和肝脏。白玉蜗牛的口腔在头的前端两侧唇瓣之间，其后有一个膨大的口球，口球内有缺刻的角质颚和带状的齿舌，齿舌有软骨支持，其上有许多木锉似的小牙齿，并附有齿舌牵引肌，借助齿舌牵引肌的伸缩，齿舌能伸缩自如，伸出口外时，能刮食绿叶及其他食物，收缩时可退入舌囊中。口腔后面是咽，食物到达咽部，接受大量的咽腺分泌物。这些分泌物含有黏液和蛋白酶，能湿润食物并分解其中的蛋白质。咽后连前食道，后面是膨大的嗉囊，在嗉囊的背部有两个略带白色的块状腺体，即唾液腺。因缺乏唾液酶，故唾液本身无消化作用。嗉囊后面是后食道，后食道后面为略成马蹄形的胃，胃壁有很厚的肌肉层，壁上有许多褶。肠连接在胃之后，肠道呈“S”形回旋于肝脏，再折向下是直肠，最后是与外界相通的肛门。白玉蜗牛的肝脏在胃的周围，呈土黄色，特别发达，充满于外壳的上半部。肝脏有两条输出管（左肝管和右肝管）通向胃部，末端开口在胃腔中。肝脏能分泌淀粉酶和蛋白酶，用于消化食物，是最重要的消化腺。

（2）呼吸系统

蜗牛因在陆地上生活，鳃已完全消失，由外套腔壁上形成类似“肺”组织的血管，代替肺功能的呼吸作用。在蜗牛外套膜前端的右侧，有一个气门与外界相通，气门进行呼吸。空气由气门吸入外套腔中，在外套膜上密布着血管网，其中的血液在此获得氧气，而扩散出的二氧化碳由气门排出。外套膜上的血管网逐渐集合而成肺静脉，肺静脉经肾旁到达心脏，由心脏分出动脉血管，分布于身体各部。蜗牛对氧气的需要量极小，据专家研究测定，在温度15℃时，蜗牛每克体重每小时只需空气0.002立方厘米。因此在建造蜗牛饲养棚和管理中对空气需求不必过高。

（3）循环系统

由心脏、动、静脉血管及其联络的微血管等组成。心脏是蜗牛循环系统的中枢，由一个心室和一个心耳组成，心耳壁薄，位于前端，心室壁厚，位于后端。蜗牛的血液为无色半透明的液体。心脏呈梨形，右边同肾脏相邻，外部有透明的围心膜包裹，腔内充满围心腔液。大动脉分成一支内脏动脉和一支头动脉，这两支动脉又分成许多小动脉，分布于身体各部分。血管末端是没有心血管壁的腔隙，称血窦，血液从心室流出，经大动脉和各血管流到身体各处，将营养物质送到各器官，同时也把这些器官产生的废物带出来。带有废物的血液流经肾脏时，即将废物经过肾脏排出体外。最后血液流经肺，在肺内得到充足的氧气，再由肺静脉流回心耳，重新开始循环。

（4）神经系统

白玉蜗牛神经系统比一般螺类发达，具有较高级形态，神经大部分集中在口球（咽头）的后边。白玉蜗牛的神经系统由神经中枢（脑神经节）和内脏神经节两大部分构成。从脑神经节分出许多神经连接前触角神经节、后触角神经节、腹神经节、躯干神经节、侧神经节、壁神经节、口球神经节、足部神经节和内脏神经节，从内脏神经节中又分出许多神经连在外套膜神经、内套膜神经、嗉囊神经、心脏神经、肾脏神经等。

（5）排泄系统

包括肾、输尿管、肾门、肛门等。蜗牛排泄系统的主要器官是肾脏，黄色，呈“T”字形，附于外套膜背面。肾脏由膜质部和输尿管组成，在气门右边肛门附近有开口，称作肾门。肾脏主要功能是起过滤作用，能吸收血液中有用的物质，经输尿管及肾门，将静脉血中的无用废物每隔14～20小时周期性地向外排出。据计

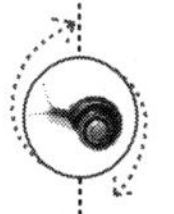

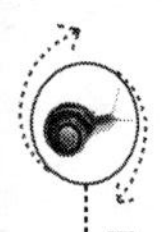

算，30～35克的成螺，一天之内排出粪便约1.5克，而约0.5克的幼螺，一天之内可排出约0.09克的粪便。

（6）生殖系统

除极少数属于前鳃亚纲的蜗牛为雌、雄异体外，绝大多数肺螺亚纲的蜗牛为雌雄同体的低等软体动物，异体交配。在同一个蜗牛体上具有雌、雄两套生殖器官，故在每一个蜗牛体上皆可产生精子和卵子。生殖器官主要有两性腺、输精管、输卵管、阴茎、阴道等组成。另外，还有一些生殖附属器官。白玉蜗牛雌雄生殖孔为同一孔，位于蜗牛右大触角后3～4毫米处。

（二）生活习性

白玉蜗牛从卵里出壳后就可自行寻找食物生存，不需要母体照顾。当受到敌害侵袭时，它的头和足缩回壳内，并分泌出黏液将口封住，当壳被损害致残时，它能分泌出某些物质修复肉体和壳。

1. 生存特性

（1）光照

白玉蜗牛对光的刺激非常敏感，非常害怕阳光直射，喜在阴暗环境生活，野生时一般是夜间，特别是在天将亮时活动最为频繁，白天一般是伏而不动晚上才出来觅食，如因产卵，有时在土中可能超过12小时。在正常季节里，除了雨后天晴能终日活动外，从黄昏到午夜是蜗牛的活动高峰，到翌日清晨则活动逐渐减弱，太阳出来后则趋于隐蔽场所停止活动。白玉蜗牛在微弱的光线下，它可以看到20厘米以外的食物，而在强烈光照射下，它只能看到4～5毫米的食物。白玉蜗牛白天栖息在阴暗凉爽的环境里，其光照度一般在100勒克斯左右。据测定，通常在杂草丛中的光照度为70～500勒克斯；普通房间内的光照度为800勒克斯。傍晚，光照度在5～30勒克斯时，蜗牛便开始外出活动。蜗牛对各种颜色也有不同反应。据有关资料介绍，蜗牛对绿色、紫色的弱光（5～20勒克斯）有趋光性；而对白色、红色、黄色、乳白色的弱光无明显反应。为了创造白玉蜗牛生长繁殖的有利环境，在饲养蜗牛时应特别注意饲养室内的光线，最好建立“房中房”式的饲养箱，便于营造养殖室内较弱散射光的环境。在养殖房内，应调节好灯光照射规律，注意昼夜交叉进行，可将蜗牛“昼伏夜出”驯化成为“夜伏昼出”，配合人为养殖需求。但切不可昼夜24小时灯光不熄，影响蜗牛正常生长。

（2）温度

白玉蜗牛是一种低等的冷血无脊椎贝类动物，自身无调节体温能力，主要依赖外界环境的温度来生存。白玉蜗牛体表特化感觉器对外界应激反应十分敏感，生理中性区是20～30℃，临界温度为15℃和38℃。室内15℃以下出现冬眠，即钻入土中，并分泌黏液封住螺口，低于0℃就会被冻死；高于38℃可能出现夏眠（倘若湿度适当，耐热品种可克服夏眠），当温度升到40℃时，会导致大面积的夏眠甚至热死。白玉蜗牛的最佳生长温度为22～30℃，此时活动最为旺盛，食量增大，生长最快；18℃以下将逐渐停止进食，当气温回升到18℃以上时又会开始陆续复苏、采食；当高于38℃转入夏眠状态后，若用冷水冲浇，仍能很快恢复其生活能力。野生蜗牛的周年活动规律为，从11月中下旬开始入土冬眠，大雪时绝大多数入蛰，一般冬眠期为5个月左右，惊蛰后有螺体出土活动，清明节前后则活动逐渐频繁。从5月中旬至10月上旬为一年中正常活动时期，直至10月下旬活动又开始下降。

（3）湿度

白玉蜗牛的生命力特别强，人工养殖的蜗牛，一般两个月不给水和食物仍能存活。白玉蜗牛生长所需要的相对湿度以75%～95%为适宜，这是因为蜗牛在日常活动中，全凭布满身体的各种黏液腺所分泌的黏液才能保持身体滑润。白玉蜗牛对空气湿度特别敏感，湿润的空气可促使蜗牛皮肤肌肉的伸展。室内养殖的蜗牛，最适宜的空气相对湿度为75%～85%，箱内表层土湿度为30%～40%，室内地面湿度为50%～70%。蜗牛正常含水量约为80%，当自身水分减少到体重的30%时就会死亡，空气湿度低于60%、养殖土表层湿度低于20%时，即使有合适的温度蜗牛仍会封口休眠。当养殖土和空气湿度都达到饱和（100%）时，养殖土、养殖箱、架都易染病菌，易使蜗牛患结核病。空气和土壤湿

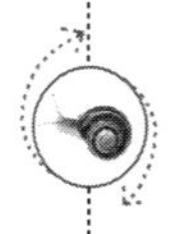

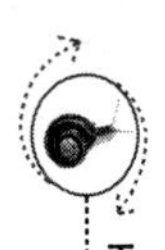

度的判定本节（二）中的3。

（4）酸碱度和气味

白玉蜗牛和其他陆生软体动物一样，对酸、碱、盐、刺激气味等都有较强反应。它不喜欢食用带刺激气味的食料，同时最害怕盐咸类食物，对酸碱盐和异常气味等化学物质的刺激物质都反应强烈。白玉蜗牛适应的 pH 值为 5 ~ 7，饲养适宜 pH 值为 6.8 ~ 7.4，接近中性。在 pH 值 10 以上，蜗牛多不敢爬过去；在 pH 值达到 11.5 时蜗牛完全不敢爬过去。利用蜗牛的这种生理特性可以采取相应措施应用在制作防逃、装运装置和加工技术措施中，在加工蜗牛前可以拌上盐有利于蜗牛缩壳。

2. 食性

白玉蜗牛是杂食性动物，一般以绿色植物为主，尤其喜食多汁瓜果和绿色植物的叶片，各种绿色植物及糠麸均可作为白玉蜗牛的食料。一般春天以白菜、青菜、莴苣等阔叶植物饲喂；夏天可喂大量甘蔗、向日葵叶、各种瓜果皮渣等；秋天气温低，食量减少，可喂些菜叶、红薯、南瓜皮等，白玉蜗牛不吃青草、杂草，拒食有芳香、刺激性味道植物，如葱、韭、蒜等。但是，在饥饿的状态下，亦会相互残食或取食同类尸体。蜗牛的喜食程度各有不同，对莴苣叶、南瓜叶、黄瓜叶、丝瓜叶、向日葵叶黄叶等特别爱吃。不同生长阶段的白玉蜗牛喜食植物也各不相同，刚孵出的幼白玉蜗牛多食腐败性植物，幼螺最喜欢吃鲜嫩的丝瓜叶、莴笋叶、苦麻菜叶和含叶绿素多的少数青菜叶，成龄白玉蜗牛食多汁性植物的根、茎、叶、花和果实（如各种蔬菜、树叶、瓜果等），常以齿舌舔食柔嫩多汁的植物，故为植物的敌害。除青绿饲料外，尚需投喂营养价值较高的精饲料，如米糠、麦麸、玉米粉、小麦粉、红薯粉、洋芋粉等。此外还需添加蛋壳粉、钙粉、骨粉和酵母粉等。白玉蜗牛食量较大，进食量相当于自身重量的一半，体重的5%。据测定，一个 50 克重的白玉蜗牛一昼夜可食 15 ~ 32 克青菜叶。在气温、湿度适宜的情况下，特别是多雨时节，蜗牛可昼夜不停摄食。

3. 生殖特性

白玉蜗牛为雌雄同体，异体受精，每只种螺都能产卵，但需要两只互相配合，多在夜间或黎明时交配。幼螺经过6个月的饲养，体重达到35克以上才能性成熟。性成熟的蜗牛发情时，生殖孔周围分泌出大量乳白色的黏液，细长的管状附属器与交配器相连，附属器的分泌物包裹着大团精子形成精子囊。异体精子存于精囊后，卵子并不立刻排出受精，而是交配几天后卵才成熟。蜗牛交配方式有两种：一是双交配，由两只性成熟的白玉蜗牛进行交配，形成两个螺体同时受精，即一只螺体充当雄体在另一只螺体中排精，同时又充当雌体，接受对方排出的精液；二是单交配，在两个螺体雌雄性腺没有同时成熟时，由只有雌性腺成熟而雄性腺尚未成熟的螺体充当雌性，排卵受精，即一方仅能充当雌体，接受对方排出的精液，而另一方只能充当雄体，但不能接受对方的射精。绝大多数蜗牛是双交配，单交配的蜗牛产卵量少，无效卵粒多。

白玉蜗牛每次交配时长在2~3小时，有的也会超过6小时。交配受精后15~20天即可产卵，产卵时钻入饲养土中并不吃食物，卵粒绿豆大小，外包一层白色发亮的膜。所产的卵一般成堆或散开。每次产卵约150粒，8~15天可孵出幼螺。蜗牛排卵速度慢，排完一次需数小时，在交配和产卵中需消耗大量的体力，而且一时又难以恢复。如果忽视种螺的饲养营养会造成营养不足，在产后虚脱因难产而死。

发育正常的白玉蜗牛每年可产卵3~5次（无休眠饲养），产卵量随螺龄的增长和螺体重增加而增加。每年4—6月和9—11月是蜗牛产卵的季节，人工养殖只要温度、湿度适宜，一年四季均可繁殖，一般寿命5~6年。白玉蜗牛第一、第二次产卵较少，每只每次产卵60~80粒，第三、第四次每只每次可产卵超过100粒。螺龄1年以上体重80克以上的白玉蜗牛多的可产卵150~300粒，少数螺可超过300粒。白玉蜗牛繁殖力很强，获取大量苗种很方便，但是由于受到温度、湿度、生物敌害等各种因素的影响，其

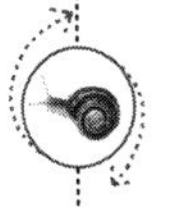

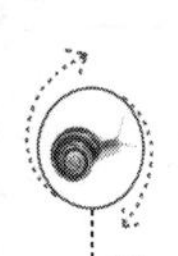

孵化率较低。因此，在整个生产阶段需抓住几个主要技术环节才能使苗种培育顺利进行。

（三）营养价值和经济价值

1. 综合利用价值

白玉蜗牛有很高的综合利用价值，在生产蜗牛罐头、蜗牛冻肉的同时可提取蜗牛黏液生产天然化妆品，蜗牛内脏可制取“E 米”生物液，广泛应用于养殖业、种植业、环境保护等。蜗牛养殖具有投资少、周期短、效益高、风险低等优点，在养殖方面具有易饲养、不争劳力、无传染病、饲料广、繁殖率高等优点。现今随着人民生活水平的提高和蜗牛养殖技术的示范应用，蜗牛菜正以物美价廉而逐渐进入普通百姓的餐桌。

2. 营养价值

白玉蜗牛肉质细嫩，营养丰富，蛋白质含量高达 60.42%，脂肪低于 2%，胆固醇几乎为零，并富含人体所必需 18 种氨基酸以及钙、磷、生物碱、内醋、香豆精、有机酸和维生素等，还含有丰富的硒、硼、锌等微量元素。FAO/WHO 推荐的理想蛋白模式指出，高质量的蛋白质中必需氨基酸与总氨基酸之比应在 40% 以上，必需氨基酸与非必需氨基酸之比应在 60% 以上。白玉蜗牛各种氨基酸中，必需氨基酸与总氨基酸之比为 45.86%，必需氨基酸与非必需氨基酸之比为 84.71%，两者均高于 FAO/WHO 标准推荐的 40% 和 60%。另有报道表明，支链氨基酸具有保护肝脏、抑制癌细胞及降低胆固醇的功效，白玉蜗牛中支链氨基酸与芳香氨基酸的比值达到了 2.78，接近正常人体的支芳比（3.0 ~ 3.5）。以上说明，白玉蜗牛中的蛋白质氨基酸不仅总量高，种类齐全，而且人体必需氨基酸含量高，支芳比高，具有较高的营养价值。白玉蜗牛是一种高蛋白的营养健康食品，有利于人体氨基酸营养平衡，是一种极具开发潜力的宝贵资源。在白玉蜗牛的各种必需氨基酸中，第一限制氨基酸为缬氨酸（表 2.9 至表 2.11）。

表 2.9　白玉蜗牛常规营养成分分析结果（鲜样）

营养成分	水分（%）	蛋白质（%）	脂肪（%）	灰分（%）	糖类（%）	比能值（干，克）	E/P（能值与蛋白质比值）
含量	75.05	20.78	1.35	1.39	0.91	21.88	27.24

（引自：白玉蜗牛营养成分分析与营养价值评价）

表 2.10　蜗牛营养成分比较（以 100 克鲜肉计）

食物名称	蛋白质（克）	脂肪（克）	钙（毫克）	磷（毫克）	铁（毫克）
蜗牛	18.11	0.22	122	145	2.4
鱼翅	83.0	0.3	146	194	15.2
干贝	14.6	0.1			
鲍鱼	19.0	3.4			
精猪肉	9.5	59.8	6	101	1.4
牛肉	17.7	18.3	7	170	0.9
鸡肉	23.3	1.2	11	190	1.5
羊肉	14.0	52.1	11	129	2.0
鸡蛋	14.8	11.6	55	210	2.7
鲫鱼	13.0	1.1	54	203	2.5
精面粉	7.2	1.3	20	101	2.7

表 2.11　白玉蜗牛各种必需氨基酸与 WHO/FAO 推荐氨基酸模式谱的比较

氨基酸	占总氨基酸的质量百分比（%）	WHO/FAO 推荐值（%）
苏氨酸	5.75	4.0
缬氨酸	5.81	5.0
蛋氨酸 + 胱氨酸	5.14	3.5
异亮氨酸	5.37	4.0
亮氨酸	10.53	7.0
苯丙氨酸 + 酪氨酸	7.81	6.0
赖氨酸	6.43	5.5
色氨酸	1.22	1.0

（引自：白玉蜗牛营养成分分析与营养价值评价）

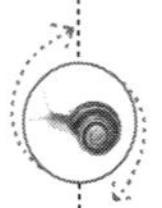

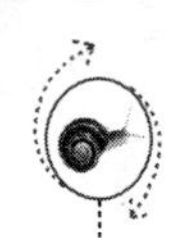

3. 美容和药用价值

白玉蜗牛还具有较高的美容和药用价值，其黏液是一种大分子多糖黏蛋，不但有药用价值，而且可以制成天然化妆品，是非常珍贵的化妆品营养原料。蜗牛在我国的药用历史非常悠久，公元1774年李时珍对蜗牛的形态、生活习性以及药性、药用价值在《本草纲目》中就有过详细记载。据《本草纲目》记载，蜗牛可配制18种药方；现代中医学认为，蜗牛性寒、味咸，入大肠、肺、肾，具有祛痰、清热解毒、利尿、消肿、平喘、软坚、理疝的功效，主治痔疮肿痛、喉肿、哮喘、脱水、小儿脐风、烂足、乙脑、风邪惊癫、白喉、流行性腮腺炎、高血压等症，还可止鼻血、通耳聋。我国利用蜗牛及蜗牛卵已研制成功了“蜗牛醋蛋液”“白玉兰口服液”“康复营养液”“奥立得营养液”“雄风胶囊”等蜗牛保健品。

4. 工业和研究价值

除上述价值外，白玉蜗牛还有较高的工业价值和科学研究价值。1898年从蜗牛消化腺中发现有纤维素酶、半纤维素酶、甘露聚糖酶等30多种具有生物活性的混合酶，1922年从蜗牛的消化腺中分离提取出蜗牛酶。在蜗牛的消化腺中可分离、提取出“蜗牛酶”“凝集素”，应用于细胞生物学和遗传学研究；同时，蜗牛的神经细胞非常大，往往用肉眼就可观察到，因此是医学、药理学、电生理等方面较好的试验材料。蜗牛还广泛应用于轻工纺织、发酵酿造、营养保健、化妆美容等行业。蜗牛黏液还是一种很好的化工原料，轻工业部日化研究所的专家利用蜗牛黏液提取黏蛋白，生产出了蜗牛洗发香波、洗面奶、蜗牛霜等化妆品，对皮肤和头发均有很好的护理作用，具有去头屑、止痒、抗静电、防冻疮等功效，在我国的一些地区已投入批量生产。加工蜗牛肉时剩余的内脏和贝壳，经烘干、脱水、粉碎可制成饲料，用来饲养畜禽。用蜗牛制成的饲料，含有丰富的粗蛋白（60.9%）、碳水化合物、钙、磷、钾、维生素及多种氨基酸等营养物质。另外蜗牛壳还可做成精致的工艺品出口外销。蜗牛还是很好的生物指示剂，天气变化，空气湿度变化都可以预测到。

二、白玉蜗牛养殖技术

（一）养殖案例和投资效益分析

蜗牛的人工养殖始于我国20世纪60年代初期，蜗牛养殖在我国一些地区已经形成了规模养殖、批量加工的生产模式，如河北邯郸（室内养殖）年产鲜活蜗牛达600余吨，浙江嘉兴（大田养殖）年产鲜活蜗牛也达到了500～600吨。全球蜗牛肉的消费量为300万吨，但鲜活蜗牛年产量仅150万吨，6吨鲜活蜗牛出1吨肉，市场缺口巨大。加入WTO后，随着我国蜗牛制品出口渠道的进一步畅通，必将促进蜗牛产业的蓬勃发展。

1982年台湾屏东市农业教授张文远和南投县的农民陈恒裕从褐云玛瑙蜗牛筛选培育而成白玉蜗牛；1984年福建漳州叶阿彬研究通过多年选育培育成功白玉蜗牛；1987年嘉兴市南湖区余新镇普光村高水珍等3户农户开始引入试养；1992年初浙江省吕塘村农户张贵明在前人经验的基础上成功培育出白玉蜗牛，成为浙江省白玉蜗牛养殖的始创者；2008年江西省玉山县仙岩镇成立白玉蜗牛养殖基地，采用室内饲养箱养殖白玉蜗牛，在取得一定经济效益的同时，在养殖技术方面也积累了一定的经验；2008年南湖区已有白玉蜗牛养殖基地227公顷，生产商品白玉蜗牛4 200吨，产值达到6 300万元。白玉蜗牛养殖由引可知具1 000千克/亩①左右，成本2～4元/千克，2008年销售价格超过15元/千克，7—8月最高价32元/千克，净收益达1万元/亩以上。

大量事实证明白玉蜗牛养殖业是投资少、见效快、效益高的科技致富项目。白玉蜗牛雌雄同体、异体交配，一只种螺年产卵4～6次，每次产卵200～400粒。如果每只种螺年产卵按4次计算，每次成活100只商品蜗牛，那么一只种螺年繁殖幼螺为400只，当年按50%出栏率计算，每只50克的话，为10千克商品蜗牛，每千克按8元计算，一只种螺的年产值为80元，如果利用一间房，引

① 亩为非法定计量单位，1亩≈666.67平方米。

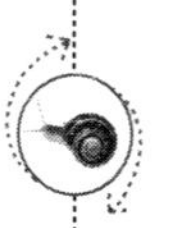

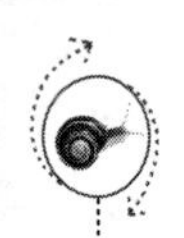

进500只/组种螺进行饲养，年产值可达2.4万元。除去设施、人工、饲料、种苗、升温等项投资，其经济效益还是十分可观的。一只商品蜗牛从孵化到交售，6个月需青料约500克、精饲料约50克，种螺每2个月产卵一次，每次产卵约200粒，每只年产卵超过1 000枚，孵化出的幼螺饲养6个月，性成熟又可产卵。

投资的多少可依自己条件环境而定，一般情况引种100～1 000只均可，按引种200只投资2 000元计算，年纯收入可达6 000～1万元，是前期投入的5倍，投资越多获利越大，如建半地下半地上向阳式养殖棚与大棚蔬菜配套生产，投资1万元1年后每年可收入5万元。蜗牛种变成商品蜗牛只需要5～6个月就可以获利。村级养殖种螺一般3 000～5 000只，组级饲养种螺一般1 000～3 000只，以地区集体经营方式，若有1/5的农户从事专业或业余养殖白玉蜗牛，每户种螺数量以20～40只为宜。

白玉蜗牛产业开发是一个系统工程，应结合本地自身实际进行稳妥而有实效的综合开发。从新产业开发观念上来说，白玉蜗牛能否深入开展很大程度上取决于各级领导对其的开发意识。只有各级领导有了强烈的市场观念，有了浓厚的新产业开发意识才有利于提高广大蜗牛养殖户的积极性，将开发白玉蜗牛养殖业当做振兴本地经济的重点事项列入规划，将白玉蜗牛养殖业作为特种动物产业的重头戏来唱，才能带动当地的白玉蜗牛产业发展。地方应着重培养3～5个养殖5 000只以上的规模经营户，3～5个养殖2 000只以上的养殖大户，努力使这些养殖大户变成白玉蜗牛养殖示范户和经验规模户，通过典型引路，大户带动一大片，才能促使本地白玉蜗牛养殖业扎实持久地发展下去。

（二）养殖中注意原则和方法

1. 温度

温度对白玉蜗牛的生长发育、产卵、孵化有很大影响。幼螺期最佳温度应在27～30℃，尤其出壳后15天内的幼螺温度必须控制在此范围内；15天后温度控制范围可在25～30℃，产卵期的温度宜控制在此范围内；孵化期的最佳温度为22～26℃。白玉蜗牛在

18℃以内将逐渐停止进食，15℃以内部分蜗牛将进入半冬眠状态并可能对其造成冻害，此时应采取保温措施，具体保温越冬详见室内保温措施和白玉蜗牛越冬管理。

夏天38℃以上少量露天蜗牛将处于夏眠状态，此时应对它们进行洒水，增加湿度，降低气温，有条件的地方应该用遮阳网挡住太阳，避免暴晒，否则容易使蜗牛因高温暴晒引起脱水缩壳。主要有以下几种方法：一是在养殖场地种上一些莴苣、苦麻菜等青绿蔬菜，或种植搭棚的南瓜、丝瓜、豆角等藤本作物，亦可用遮阳网搭设荫棚等给蜗牛营造良好的防晒遮阴的栖息环境；其次，在养殖场地空闲地面盖上柴草等，并且每天浇水1~2次以保持地面湿润；同时，在夏季及时做好蜗牛的采收管理，在蜗牛达到约30克，就要及时收获成品蜗牛，尽可能避免高温带来的损失。

2. 光线

白玉蜗牛的眼适合弱散光，这是不能违背的生理，设计时必须遵循。每天保持10个小时光照时间，光照强度10~20勒克司，即相当于日出前或黄昏后的光线。为了减轻强光线对蜗牛的危害程度，可在50平方米的饲养室中装一支25瓦的红色灯泡。

3. 空气、饲养土湿度

区分土层湿润的程度，一般以干、稍润、润、潮、湿衡量，以手试之，有明显凉感为干；稍凉而不觉湿润为明显湿润；可压成各种形状而无湿痕为润；用手挤压时无水浸出，而有湿痕为潮；用手挤压，渍水出现为湿。饲养土湿度掌握，在约35%，且必须经过消毒，不能寄生真菌或有毒细菌及其他有害物质。幼螺期的空气相对湿度宜控制在约90%，饲养土湿度控制在约40%；生长螺期最佳相对湿度为85%~95%，饲养土湿度为35%~40%；产卵期的相对湿度要求与生长螺期相同。饲养土湿度测定方法：

（1）手握测定法

饲养土以手握成团，松手即散，或以手紧握后，手指间微现水珠即为适宜，其湿度约在40%。这种方法适宜测定菜园土为主的饲养土，若以河沙为主时则不适用。详见表2.12

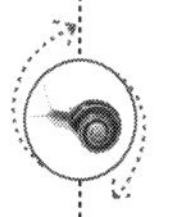

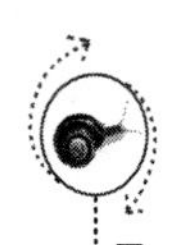

（2）湿度计测量

买一个圆盘形的温湿度计，埋在土里，窗口露在外面就可以。

（3）失质量法

称取5～7克配制好并经过1天使用的饲养土放于铝盒中，加酒精8～10毫升与土混匀，点燃烧干，重复烧1次，冷却称质量，损失的质量即含水量。

表2.12　土壤湿度性状对照表

墒情类别	土色	湿润程度	性状
黑墒	暗黑	湿，土壤湿度大于20%	手捏成团，手上有明显水迹，扔之不碎。水稍多，空气相对不足，为适种上限
褐墒	褐色	潮湿，土壤湿度在15%～20%	手捏成团，手有湿印，扔之碎成大土块。水气适宜，为播种生长的最佳墒情
黄墒	黄色	湿润，土壤湿度在12%～15%	手捏成团，手有微湿印，扔之散碎。能使作物出苗，为适种下限
灰墒	浅灰黄	半干、土壤湿度的在8%	捏之不成团，水分不足
干土	灰白	干，土壤湿度约在5%以下	干土壤或干土面，无湿润感觉，含水过低，不宜播种

4. 控制饲养土的酸碱度

白玉蜗牛是陆生与土生相结合的动物。一方面它要离土附在木箱壁上，另一方面它也要钻入土壤中吃食或产卵，所以饲养土要求严格，具备如下条件：①饲养土要富含腐殖质、纤维素、矿物质、硒元素，如牛粪发酵饲养土、蚯蚓粪。②饲养pH值6.8～7.4，接近中性。③饲养土疏松，要含有氧气。可使用pH试纸进行检测。

5. 清洁卫生

饲养白玉蜗牛的饲料尤其是青绿饲料必须是没有施用过化肥农药等污染饲料。青绿饲料投喂前必须清洗干净。用水必须先贮存一段时间才能用（12小时左右），因为自来水中含有漂白粉等杀菌剂那时才能消失。一般蜗牛摄食量约为体重的5%，摄食后4～12小时排便。幼螺和成螺平均每克每天排出粪便为0.02克和0.05克。饲养土时间长久被粪便及残余饲料污染会发生霉变，必须定时更换。饲养蜗牛的场地应经常打扫，用水冲洗、保持清洁卫生。饲养箱、池必须每天清理干净粪便和剩余食物再投放饲料。当螺体表面有粪便等污秽物和害虫时，可以将蜗牛轻放于竹篮中，在消毒水里快速清洗，约半分钟左右，最长不超过1分钟。消毒水可用4‰的食盐水和4‰苏打合剂溶液混合制成。也可在1千克水中加入一片氯霉素。清洗水温应保持在25℃。

6. 节能环保集约化设计

设计时要力求实用、节约原料、节约空间、少投资多产出。白玉蜗牛产业化建设是当代畜牧大产业的新亮点。设计时必须考虑资源综合利用，集投资多少、规模多大、集约化水平状况如何等，都要从实际出发，因地制宜。

7. 室内环境

白玉蜗牛需要相对安静的环境才能保证正常生长繁育。一般情况下饲养室内噪音控制在50分贝，不得超过60分贝。在饲养室内和周围严禁燃放鞭炮、播放高音喇叭、建筑噪声等。野外大田养殖应距离公路50米以上，减弱公路噪声对蜗牛的干扰。白玉蜗牛，对陌生环境有一个适应期，一旦适应后，就产生“就巢性”。所以设计时，要注意“巢穴”的舒适性，让蜗牛保持“就巢性”条件反射，这样容易管理。

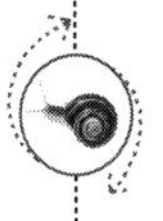

8. 日常管理

每天夜晚及清晨，特别在每次雨后，都是白玉蜗牛外出活动盛期，对于野外大田养殖要加强检查，及时捡回外逃蜗牛。在9月上旬，一般个体时达30～50克以上，要及时出售，防止灾害性天气变化造成损失。投喂时间宜在每天下午17：00—18：00，饲料投放在箱中间，不能撒在蜗牛身上，做到定点、定量投喂。同时要做好饲养观察记录，有必要对饲养情况及生长发育情况进行全面观察和记录，以2.13作为经验总结。可参考表2.13至表2.16。

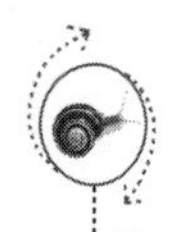

表 2.13 ______月龄白玉蜗牛生长记录表

箱、池编号	数量（只）	重量（千克）	龄末数量（只）	龄末重量（千克）	平均只重（克）	死亡率	备注

表 2.14 投喂饲料记录表（蜗牛龄期：　　　箱池编号）

日期	青绿饲料		精饲料		其他饲料		备注
	品种	数量（千克）	品种	数量（千克）	品种	数量（千克）	

表 2.15 温、湿度记录表

日期	温度	相对湿度%	饲养土湿度%	饲养土酸碱度（pH 值）	备注

表 2.16 孵化记录表

孵化箱编号	日期	孵化卵数（卵堆）	幼螺出壳日期	幼螺数	孵化期（日）	孵化率%	备注

（三） 养殖方式及设施

1. 室内养殖

（1）饲养室的构建

可以因地制宜利用空房或房屋附属部分。白玉蜗牛饲养以室内封闭式饲养方式最为适宜。这种方式不仅适合大西南地区的气候环境，也同样适合山区、平原及农村、城市家庭饲养。蜗牛房场地应选择四周没有农药污染、没有鼠类严重危害；交通便捷；周围配套有菜地，容易获取青饲料。小规模饲养可就地利用旧房设施，如空房、地下室、防空洞、山洞；中、大规模饲养可另建蜗牛房。饲养室应通风保温，环境整洁。

为了保持饲养室内的温度和湿度，在选定饲养室后可以首先搭建饲养棚。饲养棚宜采用1毫米厚的塑料薄膜进行保温，应选用整块（宽2米以上）的塑料布，棚的高度为2.5～2.8米，宽度根据墙面积确定。先在饲养室四个墙角竖立同高的木条并固定，确定好塑料棚开门的位置，将门框固定好。每块塑料布交接处应用透明胶带密封，以免漏气降低温度和适度，塑料棚的门帘应用棉絮遮挡。在高温季节时，应保持塑料棚与外界的空气对流。

为了方便饲养箱的养殖操作，提高白玉蜗牛单位面积的产量和经济效益，可以充分利用空间进行立体养殖，搭建饲养架。饲养架不宜过高，以人员便于操作为准，每层架的高和宽应依据饲养箱的高度而定。需要注意的是箱的上盖距养殖架横木以能方便投食和打扫卫生为准（一般是25厘米），宽度以能方便搬动饲养箱为准（一般在饲养箱宽度基础上再增加10厘米）。饲养架一般分为7～8层，可以两个并连也可以单只制作，并连可以节约木料，单只便于搬动。若单只制作使用时可以将饲养架相互捆绑便于稳定。饲养架底步距地面一般在30厘米以上。饲养架上可搁置木箱，规格一般为50厘米×35厘米×15厘米。饲养架可以利用木头、水泥砖砌或角钢焊接成框架，选用材料因情况而定。

养殖架还可以做成养殖面倾斜成坡度0.2°，即若饲养架宽度为50厘米时，正面比背面高10厘米，底层正面高30厘米，背面高20厘米，每层间距25厘米，共6层。这样做的优点是养殖土的积水可流出，顶板的凝结水可以流掉，不会滴在养殖土上。养殖面可使用50厘米×50厘米或40厘米×40厘米的磁砖，磁砖正面朝上，也上铺一层塑料，然后在塑料上铺饲养土，以防磁砖上的水分渗透到养殖土上。除正面外，养殖架另三方先用纱窗钉好，再在外面钉一层1～2厘米厚的海绵，最后钉一层地膜。此方法是利用海绵吸水多、散湿时间长的特点，减少喷水次数，保证保湿效果，喷1次水可保3～4天。

（2）室内保温措施

保温一般以室内面积10～20平方米的单间为宜，可供10 000只以上白玉蜗牛越冬。冬季气温低于10℃时必须进行人工加温，

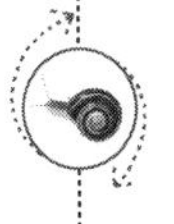

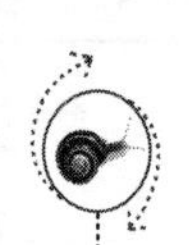

采用土垅、塑料棚、坑道、木屑、煤炉、暖气、电保温法进行保温。整个保温期从 11 月中旬至翌年 4 月中旬为宜。当夏季气温超过 35℃时，少量露天蜗牛处于夏眠状态；超过 40℃上，多数蜗牛处于夏眠状态。因此，气温过高应用遮阳网挡太阳，切不可将白玉蜗牛暴露在阳光之下，以免蜗牛脱水缩壳。在保温同时还需采取保湿措施。

①地龙保温法：在墙基部凿一个 25 厘米见方的小孔，砌上柴炉灶，然后从孔口分支砌两条高 30 厘米、宽 24 厘米，长度与饲养室横向相同的两条砖料地龙，并隐蔽在放饲养架的地面以下。在墙体的另端，两条地龙交汇成一条出口，由烟囱排出废气，只要昼夜柴火不熄，室内温度可保持在 25～30℃。在靠近炉灶的龙头处，应多加喷水，以调节室内空气温度和湿度，并降低地龙口处的高温（图 2.47）。

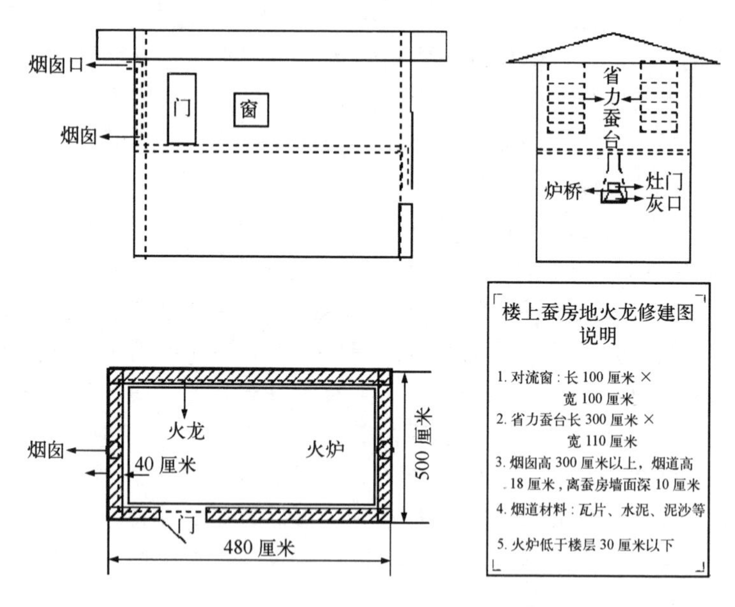

图 2.47　地龙保温法

②塑料大棚保温法：此法规模可大可小，在背风向阳处，用双透明塑料簿膜建造大棚，利用地温和太阳照射辅助保温，此方

法适用于南方，在冬季利用大棚保温立体养殖蜗牛时还需要辅助加温，加温方法灵活多样，用固定、移动两种简便保温设施均可。

③坑道保温法：越冬前夕，将蜗牛转入地下室、防空洞、山洞和其他人防工事内养殖，能有效节约能源，也可在室外选择背风向阳处或利用地形及太阳能重新建造坑道式保温室，这种利用地温法也需其他保温方法配合。

④木屑、煤炉保温法：这两种燃料的炉子排烟管都用铁皮做成，管道直径20~25厘米，三芯煤炉排烟管末端为6~7厘米，单芯炉排烟管末端2.5厘米，排烟管随室内通道弯曲并伸出室外，排出废气，以有利于聚集热量。

⑤蒸汽升温法：利用锅炉蒸汽为热源，在集约化大规模养殖时可采用此种方法。于饲养室内安装若干通气管道，锅炉建于饲养室外，蒸汽通过管道散热。根据饲养房的大小，锅炉产气多少设计安装。

（注意：热源及保温设备所产生的废气有毒，越冬保温期间必须注意废气排放和空气流通！）

（3）室内饲养单元设施

①饲养箱养殖法：大小和用材可根据饲养条件决定。利用边废木料、旧包装箱、无毒塑料板和竹、柳条等制作，材料宜用杨树、桐树等阔叶树制作，不能用松、柏等有刺激气味的木材，也不能用含有芳香物质、单宁和树脂液以及有异常气味的材料，和含铅、油漆、沥青、农药、化肥、放射性等物污染的材料。临用前的水泥板或木板及砖应放在水池中浸泡24小时，使其浸足水分。使用时，再用开水将其淋浇一遍，以杀死细菌和虫卵。箱体制作完成后，根据箱体尺寸制作箱盖，箱盖先用木条做成框架，再用窗纱覆盖固定。这种养殖方法便于充分利用空间，扩大饲养规模，管理和观察也方便，而且室内温、湿度也容易控制。此饲养方式适宜家庭、集体大规模饲养，饲养效果非常好值得大力推广应用。饲养箱具体规格见表2.17。

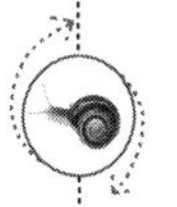

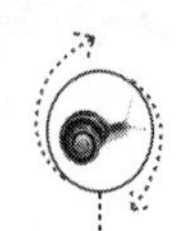

表 2.17　室内白玉蜗牛饲养箱规格和放养密度

龄期（月）	个体重（克）	饲养箱规格（厘米）	放养数量（只）	密度范围（只/米^2）
1	0.4～0.8	50×35×18	850	4 000～5 000
2	3.0～5.0	50×35×18	350	1 200～2 000
3	7.0～9.0	50×55×18	170	800～1 000
4	12.0～15.0	60×45×22	160	400～600
5	20.0～25.0	60×45×22	80	240～300
6	30.0～35.0	60×45×22	35	120～140

②池式养殖法：在室内建饲养池饲养可依据室内面积，首先靠墙周围建池，若面积大，也可于房中再建一排池。室内池式饲养管理方便，饲养效果好。建池材料可用砖石等。饲养池可建成长方形，一般池长 1～2 米，宽 0.5～1 米，池深 20 厘米，底部铺放养殖土，每个饲养池配置一个同样大小的窗纱盖子。池侧可安装活动盖，活动盖可用木框钉上塑料薄膜、纱窗、编织袋作以便通风保湿。此池可重叠建造一般 6～8 层为宜。在 12 平方米一间房的饲养面积可养殖白玉蜗牛 2 万～3 万只，年产量可达 2 万至 3 吨鲜活蜗牛。此法投资少，空间利用率高，操作方便，是目前采用最广泛的一种饲养方式。

③容器养殖法：选用约 25 厘米高的缸、盆、桶等容器，在底部铺上养殖土，盖子可用玻璃、编织袋、塑料薄膜制作，防止蜗牛外逃。用容器养殖易行、轻巧、管理方便，适用于初期引种和城市小规模养殖，缺点是占地大空间利用少，土壤湿度较难控制。

2. 室外养殖方式

（1）场地选择

这是一种辅助的养殖方式，也需要建造仿生态环境，种上葡萄或莴苣笋，上有配套遮阳网。室外养殖必须具备以下条件：放养场地要选择背风、荫蔽、潮湿，又长有杂草或灌木的山麓、坡地丘陵、荒野地以及房前屋后的闲散地作为放养场地，必须有足够的遮阴条件，没有日光直射的地方；地势较高，排水良好，大雨后不积水；场地相对清静，周围没有建筑工地、高速公路等噪声高的地方；没有白玉蜗牛的天敌，如野鼠、蚂蚁等为害，可在周围搭建防逃围栏和防鼠设施；1 年中至少有 6 个月气温在 20℃ 以上；地表层应经常保持湿润，地表布置好供蜗牛栖息的各类杂物（最好事先种上青绿饲料或菜类），形成蜗牛生长的人工绿色植被，以保证白玉蜗牛对湿度和食物的要求。

（2）场地改造

室外养殖方式可参照室内饲养池的设计，建造临时的饲养池。也可依托野外田间进行养殖，但需改造，将室外养殖地犁耙 2 遍，使土地疏松平整，筑成一畦一沟，一般畦宽 2 米，畦内施有机肥 2 000～3 000 千克/亩，同时在畦的周围种植苦荬菜、鸡毛菜及藤本作物等，以供蜗牛遮阳及保证青饲料供应。其次应做好遮阳设施，架设遮阳网或铺设稻草，严防阳光暴晒。

（3）塑料大棚设施

场地设计规整参考室外养殖法场地选择和改造，再将养殖池四周砌成围沟或做成“T”形防逃网，然后将弓形的塑料棚架在养殖田块上，前后开门，塑料棚高度约 2 米。在里面栽上莴笋或油菜，这种大棚地面可放养 2 月龄的幼螺 20 万只，5 月龄的成螺 12 万只。需要注意的是：在高温季节应添加遮阳设备，必要时采取降温措施，以保证大棚内适宜的温度和湿度。

（4）防逃设施

①开挖水沟：在养殖场地四周，挖一圈水沟，宽 10 厘米、深 5 厘米，有条件的沟内可蓄浅水，这种环场水沟既可防止蜗牛外逃，又可供场内排水和蓄水之用，并可减少外来敌害的入侵。

②设置防逃网：防逃方法可采用 1 米宽的 80 目尼龙网或塑料纱网，在养殖场周围打上木桩作撑架，拦网高 50 厘米，底部掩埋 10 厘米，上面弯成“¬”形折角内向网围栏，当蜗牛爬到顶部时，由于不便转弯和重心向下，就会掉落回养殖场地内。

③种植隔离带：在场地四边栽种葱、蒜、韭菜、洋葱、芹菜、胡椒等作为隔离带，因这类百合科蔬菜含有“硫化丙烯”的挥发

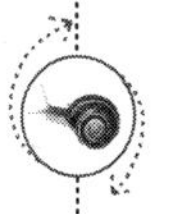

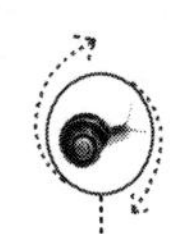

性液体，能发出特殊的辛辣气味，对蜗牛有一定的忌避作用。

④建设高碱度三合土围墙：利用蜗牛对高碱性回避的生理反应特点，在养殖场地周围用砖砌一圈约高 1 米的围墙，墙的内壁抹一层厚约 1 厘米的高碱度三合土水泥，pH 值为 11.5 时防逃效果很好。

⑤电网围栏：利用蜗牛对电刺激极为敏感的生理特点，采用双隅极式电栏的防逃设施。这种电栏所耗电量极少，对受过电刺激的蜗牛没有影响，其摄食、生长活动、繁殖都很正常，对人、畜也很安全。

（5）养殖密度和管理

刚孵化出的蜗牛在室内饲养箱养殖到 5 月，规格达到 5 克以上，当室外温度稳定在 20℃以上时，将室内的幼螺放到室外田养殖。室外放养密度 2 万 ~3 万只/亩为宜，投入种螺，一般每亩可放养种螺 5 000 只，同时在畦面上覆盖稻草等遮阳物。室外饲养以种植的青饲料代替投饲，让蜗牛自己采食，如果种植的青饲料长势较差，须投足青料，每天傍晚多点均匀撒喂，投饲量以蜗牛吃饱吃净、不吃光种植的高秆作物为度，并选择含钙丰富的精饲料混在青饲料中，每星期添加一次。在繁殖期任其交配、产卵、孵化、生长，每天中、下午洒水几次，有条件的安装管网和万向式喷头，每遇高温日，既可保证蜗牛的湿度需要又能减轻劳动强度，洒水也均匀。成品蜗牛的平均生长周期（包括越冬期）自幼螺孵化出以后至成品（以 35 克/只为例）大约需时 6 个月，而野外放养则只需不足 5 个月即可采收上市。

3. 生态循环立体养殖方式实例

（1）瓜田—蜗牛立体养殖

从 2000 年开始，山东荣成市农业高科技示范园区尝试在大田里野外放养，不仅将蜗牛从室内“请”到室外，还使蜗牛在一年内可以生长两个周期，同时在大田里套种地瓜、南瓜等经济作物，形成了瓜果卖钱—藤叶喂蜗牛—蜗牛粪作肥的循环链，摸索出了一条生态综合种养结合一体化的新路子。一直以来，养殖白玉蜗牛始终局限于室内养殖和大棚养殖。因为在恒温下生活，蜗牛生长周期一般要超过6个月才能上市，通过野外养殖可以促使较快长到商品规格。该市园区通过采用大田生态放养技术和公司加农户的模式，牵手广大农民大力养殖蜗牛，并在市内外建立了100多个养殖基地。

（2）蔬菜—瓜田—蜗牛立体养殖

2000年在石屏县取缔甘蔗种植发展蔬菜的举措下，该村农户杨雄利用有偿借款，以特种养殖为中心，发展田园生态经济。投资建设0.6亩的白玉蜗牛塑料大棚养殖园，投入高2米的水泥杆450余柱、竹子2吨多，建成立体丰收瓜架4亩，田间灌溉管网300米。形成了以白玉蜗牛养殖为主，蔬菜种植为辅的立体生态农业示范园。园内种植优良品种的丰收瓜和蔬菜，瓜叶作为蜗牛食物的主要来源，丰收瓜果出售，发展田园立体农业经济。8月中旬，在园内按每平方米放养2月龄白玉蜗牛2 500只，栽种丰收瓜120余棵，种植蔬菜优良品种“中甘十一号”1.5亩、“青花”0.7亩。到10月下旬，2.2亩地共实现收入2 538元，扣除各项费用，纯收入1 659元。在田园和庭院经济建设中对周围农户起到了良好的示范带头作用。

（3）吊瓜田—蜗牛高效立体种养

浙江安吉四通绿野农庄于2007年开始探索吊瓜田放养蜗牛高效立体种养技术，实施面积13 340平方米，经过两年实践，全年收获吊瓜瓜子1 200千克，总产值36 000元，每亩产值1 800元。养殖鲜活蜗牛18吨，平均每亩养殖0.9吨，按当年1万元/吨计算，总产值18万元。吊瓜田放养蜗牛，蜗牛放养和吊瓜种植的特性为两者套种养殖提供了有利条件。上年11月在吊瓜地里种植油菜。翌年3月种植苦麻菜等蜗牛喜食的植物，作为蜗牛幼虫生长的饲料，为室外放养蜗牛提供条件。每年3月，吊瓜的宿根开始萌发，此时植株矮小，对田地里蜗牛食用的油菜、苦麻菜生长没有影响。到6月，气候开始变热时，蜗牛幼虫可陆续放养到种植有油菜、苦麻菜的吊瓜田内，此时吊瓜的藤蔓已爬上棚架，为蜗牛的放养撑起了“遮阳伞”。6月初将室内培育好的幼螺分批分地放养到吊瓜地里，放养密度为每亩3万只，同时在吊瓜地四周围上尼龙网，一般要求设置里外两层，外围网高约1米，内围网高约0.75米，防止蜗

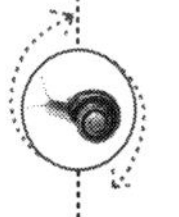

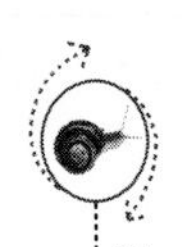

牛外爬。吊瓜田放养蜗牛高效立体种养模式，不但使有限的土地资源得以充分利用，还可以使蜗牛放养与吊瓜互惠互利，实现生态种养的共同“繁荣”，蜗牛喜欢钻土、食土，可以松疏土壤，其黏液、粪便又是一种高效能的有机肥料，对吊瓜生长起到促进作用，在农村具有推广应用的价值。

（4）奶牛场、蜗牛场配套养殖

将牛粪经过腐殖化处理，加工成蜗牛饲养土。饲养土比例：无害化腐熟牛粪60%、菜园表土30%、沙土5%、煤渣粉1%、蛋壳粉4%。饲养土含水分2%，即手捏成团，手指间略见水分。冬天用太阳灶保温或沼气池保温。

4. 混养模式

为了提高养殖蜗牛的经济效益及有利于生物物质相互转移，目前许多地方都在采用蜗牛与蚯蚓混养的方法。采用这种饲养方法，可使蚯蚓和蜗牛同时增产，因为白玉蜗牛排泄的粪便中含有丰富的有机物，可作为饲养蚯蚓的上好食料。据计算，30～35克的成螺，一天之内排出粪便约1.5克左右，而约0.5克的幼螺，一天之内可排出约0.09克的粪便。采用混合养殖后，不仅充分利用了蜗牛粪便中的有机物和食物残渣，而且还可以免去每周清理扫除箱、池内粪便的工作。白玉蜗牛与蚯蚓混养的比例，以放入的蚯蚓基本上能清除、消化掉蜗牛的粪便，并且两者生长都较正常为宜。

白玉蜗牛采用多层次立体框架进行多层次平面布网养殖，蚯蚓采用箱式养殖。立体多层次框架长3米、宽1.2米、高3米，从上至下设置11层床架，每层相距20厘米，最下层距地面60厘米。每层用尼龙网牵绷固定成托网式网床。最上层1～2层网床的网孔为1目以上，第3～4层网床的网孔为2目，第5～6层网床的网孔为3目，第7～8层网床的网孔为4目，第9～10层网床网孔为6目，最下面一层网床孔为8目。在最上面一层网床一侧做成宽30厘米，高25厘米的产孵床，产孵床中放入厚约20厘米的孵化基质，基质用木屑、稻草（切成2厘米）和菜园土按1∶1∶1混合发酵而成。立体框架底层用木板围成高30厘米的箱体，在箱底装入10厘米厚的菜园土，然后加入腐熟的牛粪或猪粪稻草发酵料，并掺入20千克发酵好的木屑，作为蚯蚓的饵料。

在相同的饲养条件下，混养模式下的白玉蜗牛身体较独立饲养下的更为健壮，不易死亡。而混养模式下，由于蚯蚓的影响，个别蜗牛性成熟时间缩短，出现异体交配或自体交配现象，并产卵自行孵化出幼螺。当混养比例为1∶1时，比混养比例为10∶9时产卵数多40枚。而其他试验组未发现性成熟及产卵现象。白玉蜗牛虽然能食取蚯蚓的尸体，但在饲料充足的情况下，对潜在土中生活的蚯蚓是不会侵害的，两者之间没有相互残杀的现象，在混养的过程中，两者的生长繁殖都比较正常，而且较单一喂养的蜗牛生长得更好。因为在饲养过程中，蜗牛吃剩下的食物残渣及粪便会落入下面的蚓床，成为蚯蚓的食物。这样不仅减轻了投饵及清理粪便的工作，而且大大提高了饲料的利用率。同时，养殖室内的空气不会因为蜗牛食物残渣及粪便的影响而变得浑浊，为蜗牛及蚯蚓的生长提供了更好的环境。试验证明，混养模式下的白玉蜗牛养殖能够为养殖户带来更大的经济效益。

在开始饲养时，蚯蚓的投放数量少一些。因为在混养过程中，蚯蚓也同样会生长、繁殖，所以在饲养过程中，要看蜗牛与蚯蚓生长、繁殖的情况，随时调整比例。如果发现蚯蚓粪便过多，可移出一部分蚯蚓，更换一些新土。当床内蚯蚓大部分体重已达400~500毫克，这时每平方米密度已达1.5万~2万条即可收取大部分成品蚯蚓。近年来，有的养殖户还在蚯蚓与蜗牛混养的基础上开展了综合养殖。

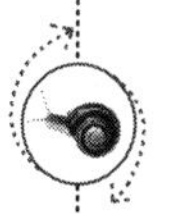

5. 养殖方式优缺点分析

（1）室外养殖法

室外养殖法是利用农田等露天场所进行养殖，对土地进行翻耕细化，并在周围种植阔叶林用来遮阳，在四周设置拦网防逃。室外养殖的优点在于湿度好、空气清新，蜗牛发病少、生长快，平均生长周期短。但是需要注意的是，在干旱天气时，应及时喷水，保持土壤湿润，在雨水过多时，应及时进行排水防止积水。

（2）室内养殖法

室内养殖法又分为立体养殖法和平面养殖法两种。室内养殖法

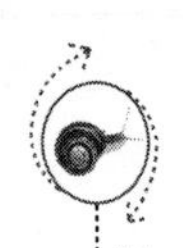

的优点在于投资少、简单易行，且十分安全。但是必须注意以下几点：应定时打开门窗通风换气，保证室内空气清新，保证土壤适宜的温度和湿度，保持室内的卫生与土壤的清洁。应在养殖箱上覆盖透气网，以防止蜗牛外逃。

（3）塑料大棚养殖法

选择适宜面积的空地，周围砌高墙，建塑料大棚，前后开门，将棚内耕翻的土整平整细后即可养殖。塑料大棚养殖法的优点在于利于预防天敌和便于温度的调节。需要注意的是：在高温季节应添加遮阳设备，必要时采取相应的降温措施，从而保证大棚内适宜的温度和湿度。

（四）白玉蜗牛越冬养殖

白玉蜗牛在气温下降到 14 ~ 15℃时就开始进入冬眠状态，温度骤降到约 10℃时便会出现死亡。因此，白玉蜗牛冬季保温工作是保证蜗牛安全越冬饲养成败的又一关键。一般白玉蜗牛的越冬管理有两种方法：①使其自然安全冬眠越冬，等第二年气温回升解除冬眠后，再继续正常生长；②无冬眠饲养，使其在冬眠期继续活动生长发育。

1. 白玉蜗牛无冬眠养殖

白玉蜗牛无冬眠饲养即在室内封闭式饲养条件下，用人工方法保持温度与湿度，使白玉蜗牛在冬眠期不进行冬眠。蜗牛在这段时间内能继续摄食、生长、繁殖，继续完成一个生长期，做到全年连续生长、繁殖。可以利用温度控制器和温度探头，控制加温设备的开启和关闭。在越冬前必须做好周密准备，根据蜗牛的数量确定越冬方法、越冬饲养室大小等。

蜗牛越冬期较长，一般从 10 月下旬至翌年 4 月中旬，且饲养管理较为严格，应做好：①温度控制：由于养殖室内上中下各层温度有所差别，所以不同月龄的蜗牛，可以采取不同位置放置。卵粒孵化需要约 28℃，可以放在离热源较近的地方；1—4 月龄蜗牛生长期长，可以放在温度要求不高的地方；种螺需要适宜的温度交配产卵，可放在上层温度变化不大的地方。②湿度控制：无论地面还是饲养箱内壁，需要喷水雾时，都需用温水，以免降低温度。③空气流通：饲养室内易产生有害气体，可以在饲养室底部安装一台电离式空气机或换气扇，每天投料时开启5～10分钟。④合理投喂：具体见白玉蜗牛饲养技术。⑤保持饲养土和饲养箱的清洁卫生。⑥及时掌握和处理异常情况，认真做好饲养记录。每天傍晚投放食料时，注意观察蜗牛有无异常情况。

2. 白玉蜗牛冬眠管理

冬眠蜗牛指冬季因气温降低又无保温措施，头足缩进壳内不吃不动的蜗牛。冬眠蜗牛壳口出现一层靥膜，把呼吸和排泄降到最低水平，一般壳口朝下，钻入5厘米土层以下。对冬眠蜗牛要保证其生命最低极限的温度，当气温降低到10℃以下时，蜗牛同样会被冻死。临冬前，可将封口完好的蜗牛放入筐中，置通风处晾2～3天，然后盖上8～10厘米厚、湿度为10%～20%的饲养土。一层饲养土一层蜗牛，壳口朝下，排列整齐，最后将饲养箱放入1～1.5米深的泥土中，箱中连根通气管，通气管露出地面部分用铁网包裹好。饲养箱上部地面用砖瓦盖严，呈倾斜状防雨雪积水。这样地下温度可保持在12～15℃，既能保证温度又能避免敌害。或者在饲养箱外层包裹棉絮、麻袋或多层塑料薄膜等保温，并将饲养箱放置在室内背风处，并防虫害，时常观察。等气温回升时，要注意通风透气。

冬眠蜗牛安全度过冬眠期后，有一个“解眠”的过程。按农时季节，在清明和谷雨之间，当气温上升到16℃以上时，蜗牛逐渐苏醒外出活动。这时应将蜗牛从饲养箱中拣出，浸于稍高于常温且不超过25℃的温水中2～3分钟，隔2～3天再浸泡一次，时间最长不超过2分钟。解眠的蜗牛最初喂上等的青饲料，3天后再拌上复合精饲料，如遇“倒春寒”应及时再次放入箱中保温。

三、饲养技术

白玉蜗牛的饲养密度，随着白玉蜗牛日龄的增加而逐渐降低。室内箱式饲养养殖密度和规格见表2.17。

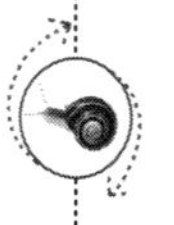

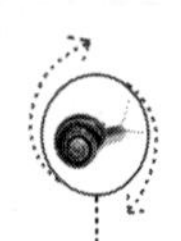

（一）饲养土配置

在饲养白玉蜗牛之前，必须先将饲养土准备充足。饲养土要求潮湿、疏松、肥沃，因此最好选用未污染的田园土、细河沙，再加入少量石粉混合，经太阳暴晒3～5天消毒过筛备用。土方配比为：细土30%、沙土30%、黄沙20%、煤渣灰15%、石粉5%，加水后湿度在40%，即一握成团，一击就散。盆内土厚分为：成螺10厘米，生长螺7厘米，幼螺3厘米。饲养土1～2个月更换1次。采用细河沙作为饲养土也有良好的效果，细河沙疏松透气，也便于粪便和食物残渣的清除。一般取河湾处的沉积河沙，其中含有一定数量的细土和腐殖质，能满足白玉蜗牛对腐殖质、水分及微量元素的需求。该方法已在西南地区推广应用。

1. 饲养土消毒方法

（1）日晒法

将饲养土铺在水泥地面或干净的土面上，摊成薄薄的一层，在日光下暴晒3～5天后收储备用。

（2）沸水消毒法

将配比好的饲养土倒入铁桶内，加入沸水至土被淹没，后加盖闷一昼夜，第二天捞出后晒干、粉碎、过筛，装入木桶中备用。

（3）火烤法

将准备好的饲养土放入铁锅内干炒至灼热干燥为适宜。

（4）药物消毒法

100千克饲养土加入福尔马林10毫升，均匀喷洒，边喷边翻动使之均匀，然后用塑料薄膜密封1昼夜，去膜暴露6～8天后，即可上箱使用。

（5）蒸汽消毒法

把饲养土放在蒸锅里，在83℃下蒸1小时，倒出翻晒3～4天，每天翻动几次，即可上箱使用。

2. 人工饲养土

人工饲养土又称三合土，选择质地良好未变质霉烂、无毒、无刺激的秸秆，如稻草、麦秸秆等，放在水中浸泡变软，洗净捞出后切成2～3厘米小段。然后与锯屑配成1∶1比例，洒上水后充分混匀。如用手捏成团触之即散，捏紧时可滴下水来，这样即可堆贮起来发酵，上面用稻草覆盖。数量少也可放在缸内贮存。温度升高到60℃后即可翻堆，并混匀。经再次发酵后，料呈棕黄色即熟。之后将料晾干，除去不良气味，临用前将处理好的秸秆、锯屑和已消毒过的菜园土按1∶1∶1的比例配好，洒上水达到用手捏成团、触之即散，捏紧时可滴下水来即可使用。

有地区试验用无土饲养白玉蜗牛也取得了很好的效果，但无土饲养仅限于3月龄以上、个体较大的白玉蜗牛。产卵蜗牛和1～2月龄的幼螺必须垫放饲养土。因为种螺需产卵于饲养土中，幼螺因适应能力弱，多借助饲养土调节湿度。

（二）饲料来源及配比

白玉蜗牛的幼螺期、生长螺期和成螺期所需要的营养物质主要取自青绿饲料、多汁饲料、作物类饲料、动物性饲料、矿物质饲料和维生素添加剂，这样才能保证食物的多样性以防偏食。

1. 青绿饲料

青绿饲料是白玉蜗牛的最主要、最基本的饲料，含有大量叶绿素及多种蛋白质、矿物质和维生素的蔬菜（不包括有刺激性气味的蔬菜）、某些树叶（如桑树叶、杨槐树叶、角树叶、榆树叶、紫槐叶、柳树叶等）、水生植物、多叶农作物的茎叶（如大白菜、莴苣、包菜）、藤本植物的叶等都是蜗牛的上好饲料。这些饲料鲜嫩、易消化，而且资源丰富、价格低廉。

2. 多汁饲料

含有丰富的淀粉、糖类和水分，并含有淀粉酶和有机酶，清脆多汁，适口性好，粗纤维少，容易消化。如丝瓜、黄瓜、甜瓜、菜瓜、冬瓜、地瓜、茄子、西瓜皮、南瓜、葫芦、红薯、山药、土豆、西红柿、苹果、梨等。

3. 作物类饲料

指农作物种子及其加工后的副产品，包括米糠、麸皮、包谷皮、玉米粉、包谷芯、蚕豆皮、黄豆皮、大麦皮、豆腐渣、豆饼、

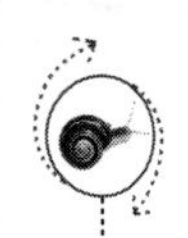

花生饼、芝麻饼、地瓜干粉等。这些饲料里含有丰富的蛋白质、脂肪、维生素、淀粉及矿质元素。此外，干酵母粉、食母生粉也是一种重要的辅助饲料，富含丰富的维生素，可促进白玉蜗牛的消化吸收，在幼螺期添加干酵母粉饲养效果尤为明显。

4. 动物性饲料

如鱼粉、骨肉粉、蚕蛹粉、蚯蚓粉、田螺粉等干粉制品。这些饲料富含蛋白质和钙、磷、维生素、氨基酸等，是饲养白玉蜗牛的优质精饲料。有野生田螺或山螺的地区可以采集利用，捕捉后烘干磨成粉，添加到饲料中。还有海产藻类、就餐吃剩的各种下脚料（包括猪、牛、羊、鸡、鸭、鱼肉残渣、发酵后的猪干粪等）。

5. 矿物质饲料

骨粉、蛋壳粉、贝壳粉、虾壳粉、蚝壳粉、碳酸钙（石灰石）、医用钙片等矿物质饲料是蜗牛正常生长和繁殖不可缺少的，尤其是螺壳及卵壳形成时必不可少。

6. 维生素添加剂

用鸡或猪的微量元素和维生素添加剂，按比例混合于精料中。农业科技部门、畜牧兽医部门销售的畜禽类维生素添加剂都可使用。使用时需注意：①严格按 1∶100 比例与复合精饲料混合；②针对不同生长时期蜗牛不同使用，不是所有蜗牛都能吃这种混合食料，仅以 35 克以下、10 克以上的成长螺催肥用。种螺因产卵需大量钙质料，幼螺因消化机能弱等原因，不宜用催肥剂。添加剂要保存在干燥、阴凉、避光处，最好现配现用。

7. 精饲料主要几种配方

①米糠 45%、麸皮 20%、玉米粉 15%、豆粉 10%、酵母粉 3%、骨粉 2%、淡鱼粉 2%、钙粉 2%、产蛋灵 1%，并准备一定数量的新鲜青饲料，如莴笋叶、丝瓜、黄瓜、南瓜、小油菜等。

②大豆饼 9% ~10%，花生饼 7% ~8%，或棉仁饼 3% ~4%，芝麻饼 4% ~5%，玉米面 60% ~65%，麦麸 10% ~15%，青干苜蓿草粉 5% ~10%，石灰石粉 3% ~4%，骨粉 0.5%，还有微量元

素和维生素，特别注意适当增加钙质。

③种螺的精饲料可按下列比例配合：玉米粉20%、豆粕15%、米糠27%、麸皮15%、干酵母10%、鱼粉3%、贝壳粉10%，其粗蛋白质含量在18%以上。此外，还可加喂食糖、维生素E、蛋氨酸、赖氨酸，以促使种螺性腺发育。

日粮的主要营养成分大体达到了粗蛋白质13%～15%，热能11.72～12.13兆焦，钙2%～2.5%。饲料用水搅拌至半湿，在养殖土中，可以添加陈旧的熟石灰，使其有适量的钙质得以补充，特别是种螺，此项尤为重要。

（三）饲喂管理

饲料搭配要合理，针对白玉蜗牛在不同生长时期应有不同搭配。在混合精饲料中，钙质占30%，蛋白质占40%，碳水化合物占25%，其他占5%。

1. 幼螺饲喂

幼螺的饲料应鲜嫩、细、多汁、易消化、营养价值高。幼螺饲料应以新鲜幼嫩多汁的青饲料（如嫩叶、瓜果、菜心等）为主，辅以黄豆粉、玉米粉、细米糠、鱼粉、蛋壳粉、钙粉等精饲料，有条件的也可以喂些麦乳精、奶粉等高营养易消化的精饲料。精饲料中钙质料约占10%，蛋白质约占50%，碳水化合物占30%，其他占10%。精饲料要炒熟并用开水烫软后均匀撒于土面上或沾在菜叶上。每天喂食一次，投喂量根据幼螺食欲确定，一般投料占池、箱内幼螺总体重的3%～4%，以饲料不吃剩为宜。同时吃剩的饲料要及时清除干净，保持饲养土的清洁。温度不得低于20℃，控制在25～30℃，不要有过大的变温，喷水时不要直喷幼蜗。饲料中含钙食物不得缺少，1个月后转入成蜗养殖盆中，放养密度要随个体的不断增长由密到稀。幼螺期若饲养管理得好，饲料充足营养全面，经过1个月的精心饲养，幼螺体重可达4～5克，整体增长可达5～10倍。在幼螺饲养过程中，要经常观察，不断将发育不正常、生长缓慢的幼螺剔除。

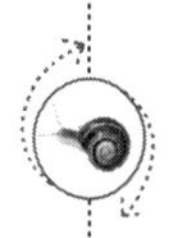

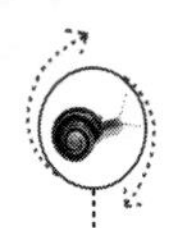

2. 成长期螺饲喂

生长期螺对饲料质量要求不如幼螺严格，由于生长发育快，对饲料的需求量比较大。每日投喂量约占蜗牛体重的 5%～6%，一般每 500 只投青料 15 千克，精料 2 千克，青料以满足食量为度。一般每天投喂一次，喂料应在傍晚 17：00—18：00 时左右，白玉蜗牛采食活动在 20：00—24：00 时达高峰，次日 6：00 时停食。6—10 月气温高时，是白玉蜗牛生长发育最快的时期，每日早、晚各投喂 1 次。当温度超过 30℃时，会出现食量下降，这时应采取喷水降温措施。可用背负式喷雾器盛冷水喷于室内墙壁、地面上降温，不能喷在饲养箱、池内。生长螺饲养 4 个月后，体重一般可达到 35～40 克，这时部分螺可作为商品螺出售。

3. 商品螺饲喂

一般商品螺体重要求达到 45～50 克，体重尚未达到标准的可继续饲养，这段饲养实际上也是蜗牛催肥阶段。在催肥期要给予足够的多汁青饲料，还必须有充足的、营养丰富的精饲料及富含蛋白质的配合饲料，视其进食情况，每日投喂 2～3 次。

4. 越冬饲喂

冬季保温得当时，白玉蜗牛的食量并不减少，只要适当提高食料质量，保温期间也能正常生活生长。同时，也要保证营养全面，不要长期投喂单一饲料，间隔一段时间调换一种螺喜食的青绿饲料。做到多种饲料混合配制。在幼螺长到豌豆般大小以前不必投喂精饲料，应适当喂得差些，否则蜗牛会养得圆胖，个体长不理想，性成熟过早从而导致品质退化。喂饲料时可以把青饲料直接铺放在饲养土的表面，然后将配制的精饲料均匀地撒在青饲料上面，并适当喷水滋润。

四、繁殖和孵化技术

（一）种螺选择标准及培育要求

种螺重量至少在 45 克以上，一般以 2～3 年龄为好，这样的蜗牛性成熟度较一致，产卵时间集中，幼螺孵出一致，且产卵量多。螺壳清晰呈焦褐色雾状，肉质肥厚，肉色呈玉白，无黑斑或呈深黄、灰黑色；身体强壮无病态，适温适湿条件时爬行动作快；食量大，食谱广，不挑食，不偏食。良种螺从小开始优选，单独培养。2 周龄时开始挑选，要求活跃、个体大。1 月龄时第 2 次优选，2 月龄后第 3 次优选，直至 5 月龄选优定型。选择非近亲成熟白玉蜗牛，异体交配产卵期时再选择，对产卵率达到 90% 以上，可选为特级良种螺。要选家养已驯化的良种螺做种，因为野外大田养殖的蜗牛不宜初养者室内养殖，野生螺存在水土不服的问题，死亡率较高。

（二）种螺饲料

要促进种螺多产高品质卵，就要多喂 80% 的优质青饲料和 20% 的混合精饲料，或者精饲料占 10%、青饲料占 85%、粗饲料占 5%。青饲料以鲜嫩多汁、叶绿素含量高为主，混合精饲料中蛋白质含量应占 40% 以上，碳水化合物占 20%，其他占 5%。种螺的精饲料配比有以下几种：

①米糠 40%、麸皮或玉米粉 30%、黄豆粕 13%、干酵母 2%、鱼粉 5%、贝壳粉 10%，有条件的话，还可适当加点蛋氨酸、赖氨酸，这对促使其性腺发育有很大好处。

②玉米粉 20%、豆粕 15%、米糠 27%、麸皮 15%、干酵母 10%、鱼粉 3%、贝壳粉 10%，其粗蛋白质含量超过 18% 上。动物性饲料和植物性饲料应新鲜、无污染、无腐败变质，并符合标准 GB 13078 的要求。

（三）种螺饲养管理

1. 温度控制

温度控制在 12℃以上即能交配、产卵，15～25℃是繁殖的最适宜温度，温度低于 -5℃、高于 32℃，进入休眠状态。所以要保证室内温度在 15～32℃，这样可多产卵，提高经济效益。蜗牛的产卵率很高，可以产出体重 1/3 的卵，因此蜗牛产卵后极易造成虚

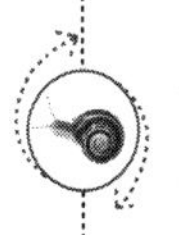

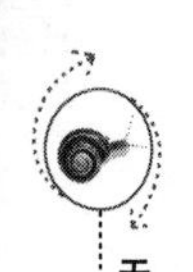

脱，此时如果刚好温、湿度欠佳或平时管理不善，极易引起种螺死亡，一般情况下10%的死亡率还是正常的。

2. 光照

种螺若长期饲养在黑暗的环境中，会极大地抑制它们的交配产卵。因此，白玉蜗牛不宜饲养在长期黑暗的环境中，应该每天给种螺保持10个小时的光照，光照强度10~20勒克司。以红色光线为佳，一般在30平方米的室内安装一个25瓦的红色灯泡即可，以刺激和促进种螺性腺的发育和成熟。

3. 放养密度

每年1—2月放养为宜，在室内饲养箱养殖时，放养密度以每平方米约200只为佳。

4. 饲养土

饲养箱箱底铺设10厘米养殖土，以满足白玉蜗牛在土壤中挖穴产卵的习性。养殖土上剩料残渣和蜗牛粪便每天清除一次，并每隔15天更换养殖土。应符合标准GB 15618—1995二级以上要求，土质潮湿肥沃，腐殖质丰富，水分30%~40%，pH值7~7.5。

5. 湿度

白玉蜗牛的孵化关键在于通气与保湿，而通气和保湿是一对矛盾，通气过量，则保湿效果不好，造成卵粒干枯至死；如果通气不良，湿度过大，则卵粒窒息死亡，只有在通气和保湿都适宜的情况下，孵化率才高。空气相对湿度控制在75%~85%，养殖土含水量控制在30%~40%。

正常情况下，种螺年产卵4次，平均每次约150粒，可是一些白玉蜗牛养殖户的养殖方式基本正常，且种螺生长也很健壮，就是迟迟不肯交配产卵。究其原因，主要是蜗牛的性腺受到抑制，没有促使其发育发情。可增加蛋白质含量较高的动物饲料和矿物质饲料的比例，另外可适当增加光照。

（四）采卵和孵化

孵化温度控制在25～28℃，孵化箱内的空气湿度保持70%～80%，孵化时间一般在7～10天。种螺产卵后，采集蜗牛卵粒与投喂食料和清除饲养箱内垃圾同时进行，每隔一天一次。因卵的表面有一层保护膜，所以不能用手直接接触蜗牛卵，方法是沿箱壁四周刨一圈，发现卵粒，用小汤匙将卵粒轻轻拿起，轻放在盛有养殖土的孵化箱里。卵粒不能用水擦洗和直接洒水，也不能将卵粒放在阳光下暴晒或火炉旁烘烤。下面介绍两种孵化基质的孵化方法：

①箱底层先放2～3厘米的饲养土，加水调配均匀至含水分30%，将采收的每一团卵分别平铺在孵化基质上，卵粒与卵粒相依不得重叠，再覆盖约1厘米（以盖没卵为标准）的饲养土即可，然后每天喷水（雾状）两次，或者用湿毛巾（挤干为止）覆盖于孵化基质上。

②用一个塑料盒，盒内装细沙，细沙要有一定湿度，取一半干沙子加水拌湿，以不滴水为易，再加另一半干沙子扑匀。以沙子表面有湿气最合适。将刚产出的卵埋在沙中，堆卵的厚度不超过2厘米，上面覆盖的细沙的厚度不超过1厘米。然后用大塑料袋包好，保持湿度，适时通风。如果湿度变小，可在塑料袋中加水，但不易直接向沙子上加水。温度是28℃时5天即可孵化出蜗牛，温度是24℃时10天即可孵化处蜗牛。

孵化出的幼螺不得即刻移入饲养箱和投放饲料，需3天后投饲，即取新鲜嫩绿的苦荬菜嫩叶，用清水洗净，切成2段，并添加5%的蒸熟米糠加以投喂，每天傍晚投喂2次，1周后再翻箱。

五、常见疾病、虫害及防治方法

（一）病害原因

白玉蜗牛是一种生命力很强的动物，一般很少生病，但是由于人为的因素，造成环境污染或管理不当，也会引起蜗牛体质下降，

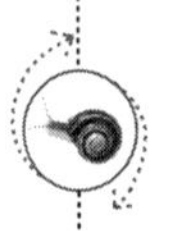

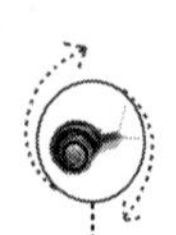

导致多种疾病的发生，甚至大批死亡。随着白玉蜗牛大面积、高密度的养殖，引种、运输的频繁，检疫及疾病防治力度的不够，致使有的疾病大面积蔓延。有的引种户偏听偏信，不切实际地一次性大量引种，由于养殖技术没能很好掌握，在往后的管理当中，出现了这样那样的问题。也有的养殖户在决定从事白玉蜗牛养殖前，存在着多跑几家公司参观考察，到处寻找养殖户了解情况；还会每到一处带回几只样品，殊不知也正因为如此极容易引起病毒交叉感染。由于是后期病毒感染，所以所怀的卵产下后孵化率仍然正常，但成活率却极低。除此之外，引起蜗牛患病的另外几个因素是：①饲养场地严重污染；②干湿度严重不当；③气候突变；④放养密度过高；⑤投喂食料缺乏规律和饲料霉变。

病态的蜗牛具体表现为，在正常的活动期内处于休眠、半休眠状态，经清水浸洗以后仍不能恢复正常取食。因此，建议养殖户对这一问题引起高度重视，严格考察种质来源，从源头上杜绝此类情况的发生。刚入门养殖户，建议先购少量种螺，待入了门再滚动发展才会更好。白玉蜗牛在室外放养时，各类禽类、蛙类、蛇类及老鼠和蚂蚁都是蜗牛的天敌，必须做好相关的防范工作，因为老鼠和蛇喜欢食用蜗牛内脏，禽类和蛙类喜食幼小蜗牛甚至蜗牛卵，蚁类喜食蜗牛黏液。因此，预防敌害如同保温保湿一样，也是必不可缺少的，必顺引起高度重视，否则也会造成极大的损失。

（二）常见疾病分析及防治

1. 消瘦病

症状：蜗牛精神萎靡，不活跃，无力出壳，少食或者绝食。长时间睡眠或者半睡眠，影响蜗牛生长繁殖，发病5～6天因瘦弱死亡。

病因：饲养土酸碱度不当，土质发霉，温度过高或者过低，湿度低于60%，尤其是在20℃蜗牛死亡临界线时，蜗牛失水过多。另外，清洗蜗牛时间过长，导致蜗牛排出液体过多，体质下降。

防治方法：对头足伸缩无力的病螺用万分之四的食盐和苏打水溶液合剂冲洗，以消炎健胃。待头足伸出后再用葡萄糖水浸泡3分钟，每天一次，5~7天一个疗程，效果较好。

2. 缩壳病

症状：主要病症是蜗牛瘦弱，体螺层口已失去了发达的结缔组织所形成的柔软裙边，蜗牛头常缩在壳内，活动力很差，进食量很少，喷水后才伸出头来，不吃食，又缩回壳内，几天不吃食最终死亡。此病具有较快传染性，危害很大，死亡率很高。

病因：温度高、湿度低造成蜗牛脱水；二氧化碳中毒；饲养土发黑发臭；温差过大造成病毒感染；投喂被细菌病毒感染的饲料；营养不良；乱用药。

防治方法：①使用黄芩或大黄粉煎汁喷入饲料连喂4~6天，用量为每千克蜗牛用2克；②使用鱼腥草与柴胡煎汁喷入饲料连喂5天，用量为每千克蜗牛各5克；生态预防，室内温度控制在24~25℃，昼夜温度保持一致，不得大于8℃，梅雨季节饲养土干一点为好。发现缩壳蜗牛，应立即隔离饲养或将病蜗牛深埋（因为蜗牛有残食死体的习性，防止快速传染），更换饲养土，同时要认真总结发病原因，针对性地用药治疗。

3. 脱壳（破壳）病

症状：主要症状为蜗牛壳顶脱落，内脏暴露，贝壳脆薄，一触即破而死亡，常以2~3月龄的蜗牛多发。

病因：发病原因主要是由于饲养管理不小心碰掉蜗牛摔于硬板上造成破壳，一方面是在木箱养殖过程中，长时间铺沙而无养殖土，或长期投喂单一饲料，饲料中钙和磷含量不足，引起钙质缺乏症，致使蜗牛贝壳发软极易破碎。常以2~3月龄的蜗牛多发。

防治方法：破壳蜗牛可用清水冲洗，破壳部位滴注蒸馏水。隔离饲养，补充钙质饲料，在饲料中添加骨粉、蛋壳粉、贝壳粉、石粉等。同时在饲料内添加强力霉素，每千克蜗牛每天0.02克，连

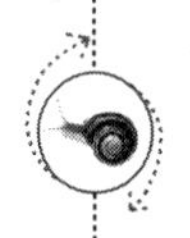

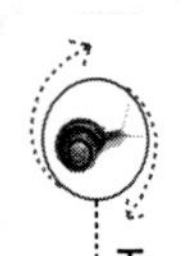

续 1 周。用石灰粉末撒于饲养土中，也可起到很好的补充钙质作用。也可改用池土养殖，补足矿物质营养元素，微量元素和生长激素等。

4. 白点病

症状：本病又称“小瓜虫病”，是由小瓜虫寄生引起的。当小瓜虫大量寄生时，肉眼可看到蜗牛头部两侧和腹、足表面有小白点；严重感染时，蜗牛腹、足干瘪，足面上长出乳白色的黏膜层，形成一层白色的溃疡面，伤口发臭。病蜗牛侧卧在饲养土上，缩壳，消瘦而死亡。

病因：在污秽的环境和有外伤都会引发该病。一般 3—5 月、9—11 月都有此病发生。南方地区有时热天也出现此病。

防治方法：轻者用 0.01% ~0.02% 高锰酸钾溶液浸泡，每次 2 分钟，浸泡后再用清水冲洗，治疗几天即愈。严重者用土霉素拌入饲料连喂 3 ~5 天，用量为每千克蜗牛 10 毫克。搞好饲养场地的清洁卫生，对已发生此病的饲养箱彻底清除，把木箱洗干净，用 2% 的食盐水浸泡 24 小时，再用清水冲洗后使用。在白点病出现初期及时治疗能起到很好的效果。

5. 肠道病

症状：患病后，粪便呈褐色，稀且有腥味。表现为半休眠状态，4 ~5 天缩壳，半月后死亡。

防治方法：一是室内饲养土要经常消毒，定期更换；二是要喂新鲜、干净的饲料；三是用土霉素拌入饲料连喂 3 ~5 天，用量为每千克蜗牛 10 克。

6. 烂足病

症状：本病也称“白皮病”，发病时蜗牛腹、足表皮腐烂带污泥，腐烂部位中间有一略呈圈形的透明区。本病发展迅速，危害比较大，死亡率高。蜗牛足部发炎腐烂，呈苍白色，病螺大都滞足、不吃食、长时间爬在泥土表层不动，一周左右死亡。南方各地夏季最易感染此病。

病因：本病发病原因多是腹、足受伤后消毒不严，细菌侵入而致。由于养殖箱内有铁钉等尖锐突起物，致使蜗牛腹足受到外伤感染伤口。

防治方法：将养殖箱内金属、竹木类突起部分砸平，用高锰酸钾溶液 2 000 ~ 2 500 倍对蜗牛患处清洗消毒，然后抹上金霉素软膏等消炎药膏，每日一次，3 ~ 4 天即可痊愈；也可用 $2 \sim 4 \times 10^{-6}$ 的鱼乐消毒剂，冲洗蜗牛的患部，这种方法对蜗牛的毒性较小，而且效果不错。

7. 水肿病

症状：表现为蜗牛头、颈部肿大，不能缩回，明显发亮，行动呆板，缓慢，食少。

病因：水肿病是蜗牛排泄系统的疾病，主要是蜗牛吃了有害食物，损伤了消化道、肝、胆、肺等器官。

防治方法：在饲料中每 0.5 ~ 1.0 千克可分别加入 4 片金霉素或者 40 万 IU 青霉素，也可用复方新诺明 8 片（可喂 100 只蜗牛）。

无公害白玉蜗牛病害防治药物详见表 2.18，无公害白玉蜗牛禁用和限制使用药物表详见表 2.19。

表 2.18　无公害白玉蜗牛病害防治药物（引自标准）

药物名称	使用方法	用　量	主要防治对象
生石灰	喷洒在养殖土上	10 ~ 20 毫克/升	杀菌
高锰酸钾	浸浴 2 分钟	2 毫克/升	杀菌
聚维酮碘（有效碘 1%）	浸浴 2 分钟	3 毫克/升	预防病毒病
土霉素	口服	10 毫克/千克喂 3 ~ 5 天	杀菌消炎
黄芩	口服	2 克/千克煎汁喷入饲料连喂 4 ~ 6 天	杀菌
大黄粉	口服	2.5 克/千克 煎汁喷入饲料连喂 6 ~ 7 天	杀菌
鱼腥草与柴胡	口服	各 5 克/千克煎汁喷入饲料连喂 5 天	抗病毒

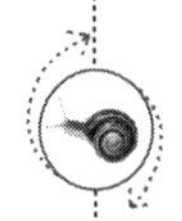

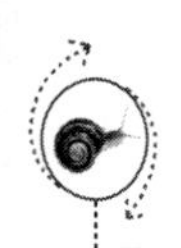

表 2.19 无公害白玉蜗牛禁用和限制使用药物表（引自标准）

药物名称	禁用范围	禁用原因
孔雀石绿	全面禁用	高毒致癌高残留
醋酸汞	全面禁用	高毒高残留
硝酸亚汞	全面禁用	高毒高残留
六六六	全面禁用	高残留
滴滴涕	全面禁用	高残留
氯霉素	全面禁用	毒性较大
菊脂类农药	全面禁用	高毒
呋喃唑酮、呋喃它酮	全面禁用	毒性较大

（三）虫害防治

1. 蚤蝇

发现蚤蝇后应更换饲养土，饲养箱或饲养池用沸水浇淋，在阳光下暴晒，室内可用克害威喷洒，将半湿半干的鸡、猪粪掺入少量的炒香的豆饼或菜籽饼粉混匀，装入纱布袋中扎紧袋口，挂放在饲养池旁进行诱杀。当蚤蝇钻入袋中取食时，过 1 ~ 2 天取出用开水浇死，可连续多次使用。

2. 壁虱

壁虱也叫粉螨，在高温高湿，通风不良的肮脏环境中常大量繁殖。发现壁虱后，饲养箱池内可用 0.3% 过氧乙酸溶液消毒，更换饲养土；饲养室可用 1% 的危害净溶液喷洒，每平方米用药 0.2 ~ 0.4 克，但注意不要将药液直接喷洒在幼蜗牛身上。

3. 蚂蚁

蚂蚁有灵敏的嗅觉和善于攀爬的本领，当它发现有甜味的瓜果和具有香味的动物性饲料时，它就会乘虚而入，危害卵粒和幼螺。有时，养殖户马虎粗心、养殖土未经消毒就倒入养殖箱内，蚂蚁和蚁卵会随土进入养殖箱。成螺因能排出大量黏液，可将蚂蚁拒之门外，而幼螺体小、黏液少，常被蚂蚁拖走，卵粒也会遭到同样的厄运。

防治方法：土壤可经过高温消毒进行杀灭蚂蚁及蚂蚁卵，为了保证蜗牛生命安全，不要用任何有毒药物喷杀蚂蚁。唯一的办法是，对养殖土进行消毒或更换消过毒的新养殖土。在养殖室门外，撒些可湿性六六六粉和樟脑丸，可防蚂蚁进入室内；或用氯丹粉500克，黏土250克加水调糊于饲养箱池周围画线，防止蚂蚁进入饲养箱中。

4. 老鼠

老鼠是室外养殖的主要天敌，一只老鼠一夜可吃掉10多只蜗牛，吃剩蜗牛肉内脏被细菌感染，健康蜗牛爱吃蜗牛内脏，造成细菌感染发病，严重时可造成大批死亡，可在消灭老鼠的同时，在饲料中添加抗生素，增强蜗牛抗病能力。

5. 步甲虫

步甲虫种类很多，其成虫和幼虫均危害蜗牛。步甲虫一般体长4~10毫米，头小，体暗黑色，常栖息于箱、池缝隙中。

防治方法：经常注意人工捕杀，保持箱、池清洁卫生。在更换饲养土时，应将缝隙中的步甲虫除净，或用开水烫死。

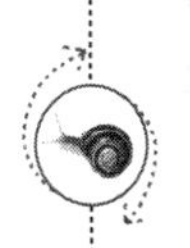

六、商品白玉蜗牛的配套管理措施

（一）白玉蜗牛的采收和运输措施

白玉蜗牛的异地引种、市场供应或外贸出口都需要进行活蜗牛的包装和运输。如果没有合适的包装工具和在运输中处理不当，往往会造成螺壳破碎，滋生病菌，在运输途中大量死亡。对引进种蜗牛和商品螺的运输，宜在5—9月进行，因为这段时间温度最适宜蜗牛生活。无腥臭，头足肥满，伸缩活跃，体质健康。

室内养殖采收时，用手在箱中选择个体适中的鲜活蜗牛，用食指和中指从蜗牛头部触摸做弧状手势，将蜗牛轻轻捉到干净的篮中。对于野外大田养殖最好在夜间采收，这时蜗牛出来吃食，可

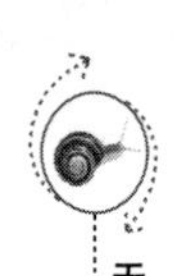

以每隔 1～1.5 米放一堆青绿饲料，并撒上炒熟的精饲料，当蜗牛群集采食时按标准采收即可。

运输前，先将白玉蜗牛用水冲洗干净，检查其外形是否完整，行走是否活跃，黏液是否充足，腹足是否健壮肥大。对伤残病螺均不能作为商品螺或种螺苗运输，否则容易在运输途中将疾病传染给健康蜗牛。蜗牛选出后，应停食 2～3 日，使其体内未消化完的食物继续消化，积蓄的粪便尽量排出体外。否则在运输途中排出的粪便和浊物极易在高温下腐烂发臭导致蜗牛死亡。

白玉蜗牛运转工具要求内壁光滑、干净、无污染，透气性好，坚固耐挤压，体积小方便搬运。一般常用木桶、柳条箱、竹筐、木箱（箱壁四周钻孔透气）。运输箱筐在装箱前应放入清水中浸泡数小时；装蜗牛后，应在蜗牛上搭上 2～3 层的湿纱布或搭条湿毛巾。将静养后的蜗牛按筐或箱的 1/2 或 2/3 容量装载，加上顶盖并固定。在运输箱内不宜放入绿色植物和糠麸类饲料，也不能用稻草、草包、木屑等作填充物，以免这些物质遇水发热腐烂影响蜗牛健康。代售的蜗牛每隔 5～6 小时喷水一次，以防蜗牛脱水。运输过程中禁止喂饲料以免蜗牛争食挤压和饲料粪便污染。

（二）工厂化白玉蜗牛配套措施

1. 专业饲养土配制

饲养土对工厂化蜗牛养殖至关重要，最好由公司统一配送。

2. 专业收购站（点）

为便于投售，公司在产区合适地方设点收购。收购站主要任务是：验质、计量、装运、短期喂养、再运销或加工。为了便于集中装运、及时处理，收购站要采取定点定时收购与上门收购、常年收购相结合。

3. 良种场

蜗牛工厂化养殖，良种是关键。公司要分别建立良种螺场，给商品蜗牛场供应优秀的蜗牛品种。

4. 精料配制

统一精料配制，努力降低成本。

5. 及时销售

当白玉蜗牛长至超过35克时，将逐渐进入性成熟期，并且交配产卵以后，蜗牛的外观及肉质口感将会受到影响，一般以每千克白玉蜗牛25～30只为佳，特别是制作蜗牛罐头、加工蜗牛冻肉或蜗牛系列产品，及时采收尤为重要。

6. 做好饲养记录

在饲养中还应定时观察和记录蜗牛的食性、食量、生长、交配、产卵、孵化、室内气温和湿度以及土壤温度、湿度，土壤氢离子浓度、pH值等。

七、养殖要点

（一）种质选择与孵化育苗

①有的发种单位种价太高，养殖户只能引种几十只或百余只。而白玉蜗牛是雌雄同体，异体交配，混养在一起的蜗牛数量少就不能充分交配受精，繁殖受影响，产量就有限。

②有的养殖户外出引回来的是一般的商品蜗牛，由于螺体小性发育尚未成熟而不产卵，或者是老蜗牛，也不产卵，大大影响了养殖户的养殖积极性。所以选择种螺时必须注意，每只蜗牛体重必须超过45克，有生长线、嫩边圈，引种半个月左右可产卵。

③卵的孵化。蜗牛的养殖成败，关键在卵的孵化，控制室内温度在20～25℃，空气湿度在90%～95%，土表湿度在25%～30%，改进采卵孵化方法，采用种蜗牛60天轮倒法，此法能大大提高蜗牛的养殖效益，一般出壳率超过95%以上。孵化失败的原因是有一部分养殖户不懂孵化技术孵不出幼螺。一般失败有三种情况：a. 孵化温度太高或太低；b. 种螺有病致使幼螺一出壳就死亡；c. 孵化出来后小蜗牛的生长环境温度太低或太高。

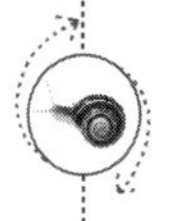

④幼蜗牛的饲养关系到迅速发展蜗牛数量与产量的成败关键，要特别注意温度与湿度的控制。温度一般应控制在25～30℃，饲养土含水量以30%～35%为宜，空气相对湿度在80%～90%为宜，多食鲜嫩多汁的饲料，辅以钙质食物。

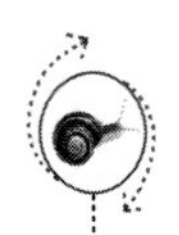

⑤1—3 月龄蜗牛饲养池内加湿，坚决不能用水泼，采用喷雾器喷，最好用温水。

（二）环境条件的选择和改良

①饲养土质必须控制在 pH 值为 6.5 ~ 7.5，切忌使用施过农药、化学物质的污染沙土。坚决控制有异味的气体进入饲养场地，养殖容器一定要具有很好的透水性和透气性。

②保持湿度。蜗牛生长需要一定的湿度，饲养土的土表湿度要保持在 25% ~35%，空气相对湿度 85% ~90%，能湿不干，控湿、保湿采取塑料布盖顶。

③室内保温。无论哪个季节引种，一定要经过冬季保温这一关，加温必须采取地龙火道，且常年备好，尤其是春末夏初，要防止突然降温，有条件暖气最好，不要采取火炉加温。许多养殖户失败在保温上。有四种情况：

a. 不具备保温条件保不住温度。蜗牛饲养室的温度应保持在 23 ~28℃，昼夜温差不超过 8℃。

b. 保温室内温度和湿度不协调，蜗牛因不适应而得病。

c. 保温烟道泄漏，致使蜗牛中毒死亡。

d. 保温室高温不通风，蜗牛缺氧窒息而亡。

e. 防止干风、冷气直接吹进，进口应采取双门、挂布、挡风板。

f. 不工作时不要强光照射，阴暗最好，夜间采用 15 瓦红色灯泡照明，这样能刺激产卵。

（三）饲料营养

①蜗牛是杂食性动物，喜食绿色多汁阔叶植物，但人工饲养需适当加一些精饲料，如玉米粉、豆渣、米糠等。养殖户在这方面的疏忽，也会造成养殖失败：a. 初养蜗牛往往饲料太好，有许多养殖户甚至喂牛奶等蛋白质饲料。幼螺开食太早也是导致失败的原因之一；b. 蜗牛缺钙是饲养蜗牛中容易忽视的问题，及时补钙会加快蜗牛生长，否则生长螺会软壳或爆壳死。

②成本最低，效果最佳饲料配方：米糠50%，贝壳40%，酵母粉8%，其他2%。

（四）病害与卫生

①发现病、死蜗牛及时清除。

②勤清粪便，最好采取蚯蚓与蜗牛混养，一举两得。

③防止天敌侵害、灭鼠、灭蚁，定时用1/1 000的敌百虫溶液喷洒，能有效地杀灭蜗牛的最大天敌——螨，定期用过氧乙酸稀释液，对蜗牛的养殖场所进行消毒，杀灭病源微生物。

第三节　喂食与饲料营养

根据前面章节的描述，喂养小灰蜗牛需格外注意。在一些现代、合理的养殖方法中，常常在生长期作为选择性食物的绿色植物（卷心菜、莴苣、胡萝卜等）并不适宜喂养蜗牛。原因有三：这类食物变质速度相对较快，因而使用具有强制性且不卫生；食绿色植物的蜗牛的生长状况并不令人满意，不可与食饲料的蜗牛相比；使用绿色植物增加了劳动时间，而节约劳动时间是养殖成功的关键因素之一。

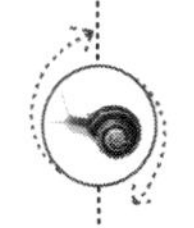

一、法国散大蜗牛饲料

蜗牛适宜喂食饲料，且使用饲料比使用植物更加方便。饲料呈粉末状，带给蜗牛所需的能量、蛋白质、矿物质和维生素。即使小灰蜗牛的营养需求评估还远远没有完成，一些研究工作已找出了主要问题，即钙质问题。

（一）法国散大蜗牛的营养与饲料配制

1. 钙

众所周知，在蜗牛产量丰富的地区拥有石灰性土壤（译者注：含有碳酸钙或碳酸氢钙等石灰性物质的土壤），一些作者在那里找到了证明猜想的论据，即蜗牛对钙的吸收不仅通过消化道，还通

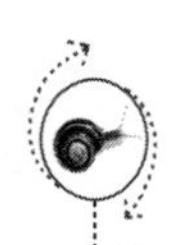

过腹足。钙是蜗牛身体的基本要素，是蜗牛壳的重要组成部分，能保证其在产卵期间卵的钙化。

饲料中含经常在喂养家畜时使用的碳酸钙，较细的粒径和便宜的价格是其两大优点。也许还存在不同形式的碳酸盐能够让蜗牛更好地吸收钙，但饲料中的碳酸钙的确发挥了作用，是目前可使用的钙的来源。

蜗牛对钙的需求。开展对钙质需求的研究，促使一些饲料生产商改变了饲料配方。为了确定需求，我们提供5种等氮量的饲料给在养殖房中出生、养殖于受控条件下的蜗牛。表格2.20给出5种饲料的配方，3周、6周、9周后蜗牛的体重以及3～9周间的食物消耗指数。在生长期蜗牛的饲料配方中加入25%～30%的碳酸钙可获得最好的生长效果。其他配料（如3%～4%磷酸氢钙）中钙的含量最多在10.5%～13%，最佳状态是在这两个数字之间。脱离饲料配方单独喂碳酸盐效果较差。

表2.20　饲料配方与蜗牛养殖效果研究比较

饲料 成分（%）	A	B	C	D	E
大豆粕	20	20	9	9	36.4
大豆蛋白质			6	6	—
玉米	10	10	5	5	18.2
玉米麸质	8	8	5	5	14.5
玉米淀粉	11	11	8.5	8.5	20
磷酸氢盐	5	5	5.5	5.5	9.1
盐	0.4	0.4	0.4	0.4	0.72
维生素	0.5	0.5	0.5	0.5	0.90
微量元素	0.1	0.1	0.1	0.1	0.18
碳酸钙	45	30	60	45	无定量
琼脂	—	15	—	15	—
	100	100	100	100	100
元素					

续表

饲料 成分（%）	A	B	C	D	E
氮（‰）	15. 3	15. 3	15. 3	28. 0	
纤维素（%）	1. 2	1. 2	0. 6	0. 6	2. 2
钙（%）	18. 4	12. 7	24. 2	18. 4	0. 1
磷（%）	1. 1	1. 1	1. 2	1. 2	1. 6
累计死亡率（%）					
元素					
3 周	8. 0	5. 0	5. 3	4. 7	22. 0
6 周	10. 3	8. 0	13. 7	9. 3	35. 3
9 周	10. 7	8. 0	15. 0	10. 7	39. 7
蜗牛体重（毫克）					
放入养殖房	235	238	236	227	233
3 周	883	1 158	734	847	803
6 周	1 672	2 600	1 392	1 751	1 494
9 周	1 928c	3 532c	1 726c	2 330b	1 900c
指数					
3～9 周指数	1. 68c	1. 04a	1. 96d	1. 44b	1. 75c
	162	100	188	188	168

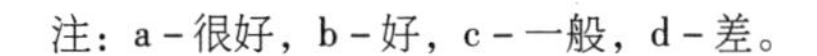
注：a－很好，b－好，c－一般，d－差。

在此实验中，我们发现饲料 B 具有明显优势，其食物消耗指数与 1 相近，蜗牛的死亡率最低，生长状况最好。此处为了实验需要加入的琼脂可被淀粉甚至谷物代替。实验结果表明，饲料的最佳钙含量为 12. 7%。

2. 纤维素

由于植物的细胞壁中含有纤维素，因而野生蜗牛食用的植物全部包含该元素，连绿色且柔软的植物也不例外，但蜗牛不吃纤维素太丰富的植物。

最新实验探究出最适合幼蜗牛生长的纤维素含量。在 1. 2%～

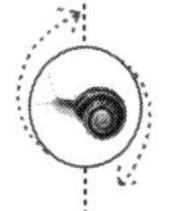

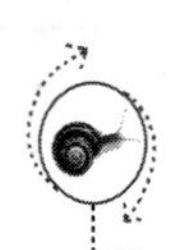

6.3%的纤维素含量间，饲料中拥有4.6%的纤维素能获得最佳生长效果。实验未涉及各个年龄段的蜗牛（仅涉及出生9周的蜗牛）。为了获得全面完整的信息，实验在生长期以外将继续开展，但实践证明，用于生长期的饲料同样适合喂养成蜗牛。饲料中纤维素含量的增长会导致蜗牛粪便增多，需要进行相应清理。

这一现象说明我们应该在饲料中最大程度地减少纤维素比例，但实验指出，纤维素在比例不超过5%时能发挥积极作用。

3. 蛋白质

蛋白质是生物组织的主要组成部分，其氮元素对蜗牛来说具有营养价值。虽然为了含氮量达到最大值而平衡各种蜗牛饲料中氨基酸比例的工作尚处于初步阶段，还远远没有完成，但通过一些实验结果，我们认为饲料中的氮含量应在13%～16%。目前，我们还不能提出氨基酸的比例。

蜗牛饲料的能量价值至今还未被深入研究。轻松获得的能量并没有太多的生理学意义，因为其他物质也能产生与纤维素或淀粉同样多的热量。

对于蜗牛消化率的研究即将展开，但能量因素在喂养实践中的重要性很可能要小于其他因素，如钙质。

另外，随着蜗牛年龄和养殖条件的变化，蜗牛活动所需的能量也不同。我们认为，通过饲料，蜗牛拥有更多能量储备，但原材料的质量也十分重要。实验表明，蜗牛能充分利用碳水化合物，尤其是谷物淀粉。

蜗牛饲料中应包含维生素与矿物质微量元素。对于这些物质的需求，系统性研究也还未开展。出于安全考虑，在饲料中加入含维生素、矿物质的调味品需谨慎，要看作在对待一种家养的恒温动物。未来也许会探究出改善调味品的方法。

（二）法国小灰蜗牛的饲料配方

本书给出的饲料配方仅供参考。此配方测验于生长期蜗牛，在当下较为先进，不仅获得最快的生长速度，而且与结构均衡度较差的配方相比，减少了幼蜗牛的死亡率（表2.21）。

表 2.21　法国蜗牛饲料简易配方

配方	大豆粉	玉米	磷酸二氢钙	硫酸钙	盐	维生素、微量元素
含量	28	36.5	5	27.6	0.4	2.5

生长配方（%）：大豆粕，20；玉米，27；木薯，10；玉米麸质，7；酒糟溶解物，3；盐，0.4；微量元素，0.1；维生素，0.5；磷酸氢钙，4；碳酸钙，28。

数据测试结果：湿度，12.0；氮，15.5；纤维素，2.4；矿物质，33.0；钙，11.7；磷，1.0。

蜗牛饲料配方远未最终确定，随着认识的加深，它还会在两个方面加以改进，一是蜗牛的需求，二是蜗牛的进食表现。

由蜗牛的接受程度来评判的饲料及原材料质量也需要进行调查研究，以便对原材料的选择做出相应改进。研究一切能提高蜗牛进食量的方法不是没有意义的，包括选择原材料、添加物、调味香料等，因为蜗牛消耗的食物越多，生长效果就越好。

目前，在养殖蜗牛期间给予一种饲料是合乎惯例的，但考虑到蜗牛在一系列生理阶段中表现出不同的需求，未来将会针对不同阶段给予特殊的饲料，如育苗期的喂食，更多是为防止死亡的发生而非加快生长速度，由于蜗牛苗的进食量小，所以应选择价格高但合适的原材料。

喂水与喂食，这两样不可分开来看，且人们说只有在水源靠近饲料粉末时蜗牛才能良好进食，因此分配的饲料总是弄湿的。但炎热、湿度饱和的环境加剧了饲料的霉化，密闭养殖要求每周换两次饲料。我们也能通过在饲料中添加有机酸（如丙酸）、丙酸钙、各种抗真菌药物来控制霉化发展，但这些物质还是无法完全阻止霉菌生长。户外养殖则较少受到霉菌的影响。

所有高品质的饲料都在研磨细度上有着相同特点。饲料颗粒越细，蜗牛消化液的消化效果越好。可以这么说：越精细，越值钱。

正如我们观察到的，使用集约化方法喂养家养蜗牛仍然是一个研究较少的领域，尽管已取得重要进展，但许多问题还未弄清，这些谜团将在实验支持下解开。成功的小灰蜗牛现代养殖毫无疑

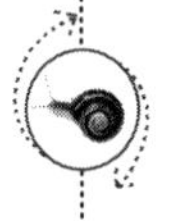

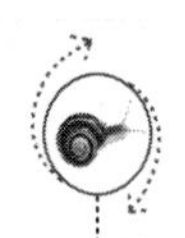

问需要不少条件，其中喂食十分重要。

二、中国蜗牛养殖中的饲料配制

蜗牛饲料的配方应根据不同的蜗牛和不同的生长期来进行各种饲料的配方。尤其要注意严防各种饲料的污染，如有机磷及各种重金属元素铅、砷、汞等污染。

精饲料包括各种糠皮饲料、饼粕饲料、动物性饲料、矿物质饲料及维生素添加剂等饲料，或由其配合而成的饲料；也可以直接使用仔鸡、仔猪的配合饲料。如小麦皮、米糠、玉米皮、高粱皮、豆皮、小米皮、玉米心、豆腐渣等糠皮饲料；黄豆粉、芝麻粉、花生饼、豆饼、去毒后的菜籽饼等饼粕饲料；各类水产品、畜禽肉类及残渣下脚，还有鱼粉、骨肉粉、蚕蛹粉、蚯蚓粉等动物性饲料；骨粉、贝壳粉、蛋壳粉、虾壳粉、石灰粉等矿物质饲料；干酵母粉及所有禽畜用维生素添加剂。下面介绍表 2. 22、表 2. 23 和表 2. 24 经过实践的中外蜗牛参考饲料配方，效果较好的配方：

表 2. 22　河南蜗牛精饲料配方 1（%）

成蜗牛	幼蜗牛
鱼粉　4	6
豆粕　15	20
麸皮　36	24
玉米　36	40
骨粉　3	—
酵母粉　6	10

表 2. 23　蜗牛的精饲料配方 2（%）

名　称	幼牛	生长牛	种牛	育肥牛
玉米粉	32	30	30	38
小麦麸	30	30	24	20
小米糠	12	13	10	10

续表

名　称	幼牛	生长牛	种牛	育肥牛
草粉	6	10	6	10
黄豆粉	15	—	—	—
黄豆粕	—	10	20	15
淡鱼粉	3	2	4	2
酵母粉	2	2	2	2
骨粉	—	1.5	2	1.5
贝壳粉	—	1.5	2	1.5
多种维生素	按产品说明添加			
微量元素	按产品说明添加			
土霉素添加剂	按产品说明添加			

注：30 天内的幼牛饲料中可添加少许的维生素、微量元素、生长素，但不可添加矿物质饲料。

表 2.24　蜗牛的精饲料配方 3（%）

名　称	种蜗牛	幼蜗牛	生长蜗牛	育肥蜗牛
玉米粉	34	35	40	40
麸　皮	26	25	25	23
豆　粕	20	23	15	20
米　糠	10	12	13	10
淡鱼粉	4	3	2	2
酵母粉	2	2	2	2
骨　粉	4	—	3	3

注：配合饲料时可加少许维生素添加剂及饲料药物添加剂；30 天内的幼蜗牛不加骨粉或贝壳粉等矿物质饲料。

（一）幼蜗牛饲料配方

配方 4：炒大豆粉 20%，玉米粉 20%，麦麸皮 20%，米糠 20%，骨粉 10%，酵母粉 9%，微量元素 1%。

（二）蜗牛繁殖期精饲料配方

配方 5：麦熬皮、蛋白粉各 15%，大豆粉（炒熟）、蚕豆粉

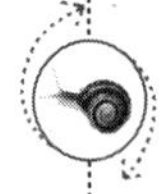

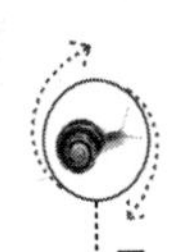

(炒熟)、绿豆粉、玉米粉、细谷糠、细稻糠各10%，氢钙粉7%，土霉素粉、酵母粉、维生素添加剂各1%。

配方6：麦鼓皮25%，细谷糠或细稻糠20%，玉米粉、大豆粉（炒熟)、蛋壳粉各15%，氢钙粉5%，蛋氢酸、微量元素添加剂、维生素添加剂、土霉素各1克。

（三）蜗牛生长期饲料配方

配方7：大豆粉（熟)、白可豆粉、蚕豆丝（熟)、绿豆粉、玉米粉、细米糠各10%，蛋壳粉7%，氢钙粉1.5%，土霉素粉、食母生粉各0.2%，食糖1%，食盐0.1%，麦数20%，河沙10%。

配方8：大豆粉（炒熟）15%，贝壳粉10%，麦麸25%，玉米粉15%，细米糠20%，细青沙10%，酵母粉、土霉素粉各0.2%，食糖1%，食盐0.1%，赖氨酸1.5%，氢钙粉1.5%，鸡用维生素添加剂0.5%。

配方9：细米糠、麦鼓各25%，黄鳝骨粉7.5%，大豆粉（炒熟)、玉米粉各15%，细青沙10%，食糖1%，食盐0.1%，土霉素粉、酵母粉各0.2%，食用微量元素添加剂、鱼肝油各0.5%。

配方10：麦鼓皮30%，大麦粉25%，玉米粉、大豆粉（炒熟）各15%，蛋壳粉5%，细青沙7.5%，土霉素粉、酵母粉各0.2%，食盐0.1%，食糖1%，食用微量元素添加剂、维生素添加剂各0.5%。

配方11：麦鼓皮30%，细谷糠（细稻糠）25%，大豆粉（炒熟）20%，玉米粉15%，蛋壳粉7%，酵母粉（食母生)、微量元素添加剂、维生素添加剂各1%。

配方12：麦鼓皮25%，细谷糠（细稻糠)、玉米粉、大豆粉（熟）各20%，氢钙粉10%，酵母粉（食母生)、维生素添加剂、微量元素、土霉素粉、食用鱼肝油各1%。

配方13：黄豆粉（炒熟)、贝壳粉各15%，麦麸25%，细米糠22%，玉米粉10%，氢钙粉8%，赖氨酸或蛋氨酸1:5%，酵母粉，土霉素粉各0:5%，鸡用维生素添加剂1%，需要说明的是成蜗牛用的是赖氨酸，种蜗牛用的是蛋氨酸。

配方14：细米糠、蛋壳粉各20%，黄鳝骨粉（黄鳝骨洗净晒干炒至八成熟后粉碎）或氢钙粉12%，麦麸25%，黄豆粉（炒熟），玉米粉各10%，酵母粉1%，禽用维生素微量元素添加剂1%，禽用鱼肝油1%。

配方15：麦麸30%，细米糠20%，黄豆粉15%（炒熟），玉米粉12%，蛋壳粉、氢钙粉各10%，酵母粉1%，禽用微量元素添加剂1%，鸡用维生素添加剂1%。

配方16：玉米粉15%，黄豆粉10%，米糠20%，酵母粉5%，蛋壳粉15%，禽用微量元素3%，禽用维生素2%。

配方17：玉米粉25%，麦麸30%，米糠20%，蛋壳粉（或骨粉）25%.

配方18：玉米粉25%，麦麸30%，黄豆粉10%，米糠5%，酵母粉5%，蛋壳粉（或骨粉、贝壳粉）25%。

配方19：玉米粉25%，麦麸45%，豆饼粉（或麻酱渣粉）10%，蛋壳粉（或骨粉、贝壳粉）20%。

配方20：玉米粉10%，麦麸25%，豌豆粉35%，维生素D 3%，蛋白粉（或骨粉、贝壳粉）17%.

配方21：米糠50%，贝壳40%，酵母粉8%，其他2%，成本最低，效果最佳饲料配方。

配方22：黄豆粉（炒熟）、蚕豆粉（炒熟）绿豆粉、细米糠、玉米粉各10%，蛋壳粉15%，氢钙粉8%，土霉素粉1%，酵母粉（食母生）1%，麦麸皮15%。

根据有关实验报道，用不同的饲料来喂养白玉蜗牛，其增长的速度有明显的差别。例如利用几种常见而廉价的饲料（如肠浒苔、甘薯叶和米糠）进行喂养，并且分别进行单一饲料和混合饲料喂养试验。结果发现，在单一饲料喂养时，以细米糠喂养的效果最好，在总投给量为147克时，蜗牛的总增重量达到108克，其饲料转化率为73.47%；甘薯叶次之，总投给量为403克，其总增重量为44克，饲料转化率10.67%；肠浒苔的效果最差，总投给量740克，总增重量仅有34克，饲料转化率为4.6%。同时，还发现单独用肠浒苔或甘薯叶作饲料，白玉蜗牛初期摄食正常，但到了后期则食量日趋减少，体重的增长也明显减慢。若用细米糠作为饲料则无此现象发生，摄食和生长都很正常。此外，把米糠、甘薯

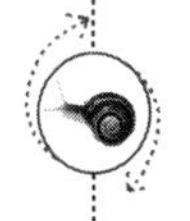

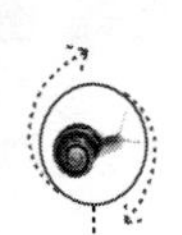

叶和肠浒苔按各1/3的比例混合，再加入适量的干酵母粉进行喂养试验，与以米糠作为单一饲料进行对照，每组30只蜗牛，重量均为30克，从4月中旬至5月中旬，经1个月的饲养，试验组总增重64.9克，对照组总增重43.4克。结果表明，混合饲料喂养白玉蜗牛可以从混合饲料中取得更多的营养。

第三章　经济方面

内容提要：法国蜗牛市场；关于养殖方面的经济数据；资产负债表与可进步空间

第一节　法国蜗牛市场

法国人每年的蜗牛食用量折算成新鲜蜗牛体重，约为 30 000 吨。其中约有一半是在法国本土采集的，这部分不算入我们分析的数据中。剩下的一半依赖蜗牛出口国，法国进口新鲜蜗牛、冷冻蜗牛肉和蜗牛罐头。

本章列举的数据来自法国国家外贸局①（la Direction Nationale du Service du Commerce Extérieur）或法国罐头食品联合会②（la Confédération Française de la Conserve）。

一、进口

法国 1988 年进口了 7 427.3 吨蜗牛（图 3.1），相当于 15 000 ~ 20 000 吨活蜗牛。其中，5 648.6 吨是新鲜或冷冻蜗牛，1 778.1 吨是即食蜗牛。给法国提供新鲜或冷冻蜗牛的主要有 5 个国家，见表 3.1：

---

① 法国国家外贸局，莱斯唐（Lestang）路 161 号，35057 图卢兹。

② 法国罐头食品联合会，阿雷西亚（Alésia）路 44 号，75682 巴黎。

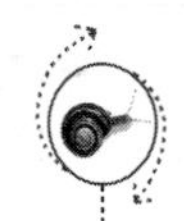

表 3.1　法国进口新鲜或冷冻蜗牛的主要 5 国数量和价格

国家	吨	价格/千克	产品
希腊	1 306.6	45.62	冷冻螺旋蜗牛肉
印度尼西亚	1 221.5	12.94	非洲大蜗牛
土耳其	1 047.4	48.1	冷冻蜗牛肉
德国	529	17.31	螺旋活蜗牛
捷克斯洛伐克	477.1	12.34	螺旋活蜗牛
合计	4 581.6		

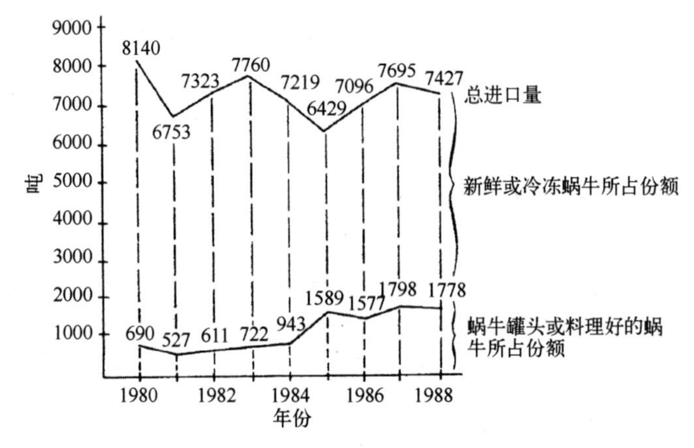

图 3.1　法国 9 年的蜗牛进口量变化

这 5 个国家提供的蜗牛占法国蜗牛进口量的 81%，其余的蜗牛来自其他 22 个国家，数量表 3.2。

表 3.2　法国进口蜗牛的其他 22 国数量与价格

国家	Country	进口蜗牛量（吨）	价格/千克（88 法郎）
波兰	Poland	254.5	13.08
匈牙利	Hungary	239.8	20
南斯拉夫	Yugoslavia	144.6	17.08
叙利亚	Syria	134.1	12.4
中国	China	101.3	13.91
葡萄牙	Portugal	53.8	22.86

续表

国家	Country	进口蜗牛量（吨）	价格/千克（88 法郎）
罗马尼亚	Romania	47.4	57.62
阿尔巴尼亚	Albania	35.6	41.6
突尼斯	Tunisia	23	41.17
前苏联	Soviet Union	6.9	13.04
阿尔及利亚	Algeria	6.2	15.81
西班牙	Spain	4.7	23.4
英国	United Kingdom	4	58.25
爱尔兰	Ireland	2.8	10.71
保加利亚	Bulgaria	2.4	45
摩洛哥	Morocco	1.8	42.77
瑞士	Switzerland	1.1	66.36
泰国	Thailand	1.1	45.45
科特迪瓦	Côte d'Ivoire	1	22
意大利	Italy	0.5	22
荷兰	Netherlands	0.2	15
法国	France	0.2	40
总计	1 067.0		

很奇怪，法国也出现在表格中，其实是法国出口的蜗牛由于各种原因（未付款，产品不合格）被重新进口，其数量被记录到海关的官方数据中。我们也进口不少的蜗牛罐头或即食蜗牛。1988年，该类进口产品中83%由希腊提供（表3.3）。

表3.3 法国蜗牛罐头或即食蜗牛的主要供应国

国家	罐头或即食蜗牛量（千克）
希腊	1 474.4
土耳其	227.7
印度尼西亚	42.2
西班牙	10.3
塞浦路斯	16.6
其他国家	6.9
合计	1 778.1

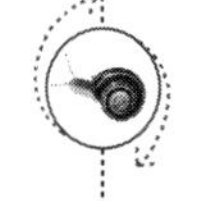

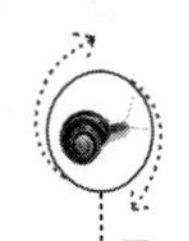

前5个国家占据了98%对法国的出口市场。

总体而言，近些年的进口情况相对稳定，但蜗牛罐头或即食蜗牛的进口量，尤其是来自希腊的进口量明显增多，而来自蜗牛资源已日渐稀少的东部国家的新鲜或冷冻蜗牛进口量在1980—1988年减少了40%表3.4。

表3.4　不同时期蜗牛价目表

年份	1980	1981	1982	1983	1984	1985	1986	1987	1988
价格/千克（通用法郎）	15.06	18.02	21.11	22.31	25.37	29.50	35.59	35.13	33.42
价格/千克（通用法郎）	15.06	17.24	19.26	19.60	20.71	22.21	24.54	22.17	19.45

进口价下跌可导致原产国的定价与出口量发生巨大变化。如叙利亚在1986年以27.80法郎/千克的价格向我国出售蜗牛34吨，在1988年以12.40法郎/千克的价格向我国出售蜗牛134吨。

这种价格上的变化不可归咎于非洲大蜗牛的进口，因为它的进口量在1980—1988年并没有稳步增长，而是呈锯齿形波动表3.5。

表3.5　不同时期蜗牛进口量

年份	1980	1981	1982	1983	1984	1985	1986	1987	1988
吨	873	763	1 028	707	1 072	866	1 530	833	1 325

非洲大蜗牛的进口价仍然很低。1988年，我们以平均13法郎/千克的价格进口了1 325吨非洲大蜗牛，这个价格比螺旋蜗牛低40%。

二、出口

法国出口两种类型的即食蜗牛：铁罐头与利用其他方法贮藏的即食菜肴（例如：速冻菜）。1988年出口量达1 891.4吨，其中55%是罐头，45%是其他即食菜肴。将近60个国家购买这些产品，前10位国家的购买量占94%，如表3.6所示。法国连续9年出口量变化如图3.2。

表 3.6　法国出口前十国家

国家	出口数量（吨）	国家	出口数量（吨）
德国	546.9	瑞士	60.2
美国	449.0	英国	59.7
比利时－卢森堡经济联盟	400.2	荷兰	50.2
日本	84.7	丹麦	37.1
加拿大	170.2	意大利	22.8

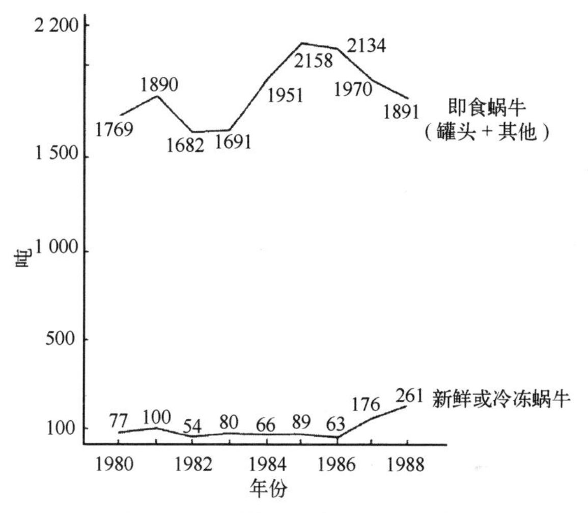

图 3.2　连续 9 年的出口量变化

自 1986 年以来新鲜或冷冻蜗牛的出口量增长到原来的 4 倍，但相比于即食蜗牛仍然较少。即食蜗牛的销售量从这一年起有下降趋势（约 200 吨），其减少量从新鲜或冷冻蜗牛的销售增长量那里得到补偿。主要购买国为希腊和土耳其，它们也是我国主要的即食蜗牛供应国（表 3.7）。

表 3.7　法国蜗牛出口量

国家	法国新鲜或冷冻蜗牛出口量	价值（百万法郎）	法国即食蜗牛进口量（吨）	价值（百万法郎）
希腊	98	1.79	1 474	57.84
土耳其	114	1.64	227	11.05

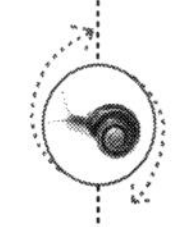

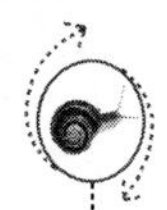

即食蜗牛的出口价自1983年来有规律地下降（+9%现时法郎-28%定值法郎）（表3.8）。

表3.8　即食蜗牛出口价变化

年份	1980	1981	1982	1983	1984	1985	1986	1987	1988
价格：法郎/千克（定值法郎）	36.07	38.37	43.95	48.16	49.83	48.65	46.65	51.22	52.43
变化率（%）		6.37	14.54	9.58	3.47	-2.37	-4.11	9.80	2.36
价格：法郎/千克（定值法郎）	36.07	36.72	40.10	42.32	40.67	36.63	32.17	32.34	30.52
变化率（%）		1.80	9.20	5.54	-3.89	-9.93	-12.17	0.53	-5.63

三、1988年法国蜗牛贸易情况

法国蜗牛外贸市场在进出口贸易差额中亏损了1.26亿法郎（图3.3和表3.9）。

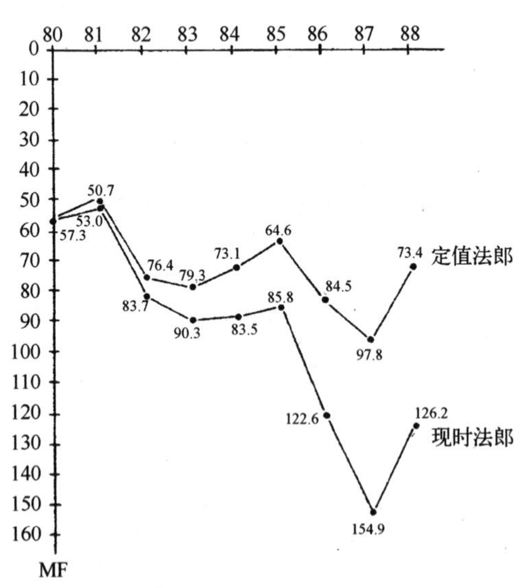

图3.3　1980—1988年以现时法郎与定值法郎计算的贸易差额的亏损变化（单位：百万法郎）

表 3.9　1988 年法国蜗牛贸易情况

	新鲜 + 冷冻蜗牛			罐头 + 即食蜗牛			合计	进出口比例关系（进口/出口）
	进口	出口	差额	进口	出口	差额		
产量：吨	5 648.6	261.4		1 779	1 891			
产值：百万法郎	161.8	6.5	-155.3	70.1	99.2	29.1	-126.2	2.2

这一亏损金额在 1980—1987 年的变化如图 3.3 所示。

基于法国主要客户的消费水平，蜗牛的生产和加工应走向多样化，创造出更多种类、清晰明确的产品，打造无可争议的美味、营养、卫生品质。在其他众多人的眼中，它有资格成为一样奢侈产品（表 3.10 至表 3.13）。为满足挑剔的顾客群，我们应当迎接新一轮挑战。

表 3.10　2010—2011 年世界蜗牛主产国的市场行情与变化（1）
（出口毛数据；价值单位：千欧；重量单位：吨）

领域和关键合作伙伴	2010		2011		12 个月累计进口情况 2011 年 4 月至 2012 年 3 月	
	价值	重量	价值	数量	价值	数量
累计	4 003	586	3 606	558	3 078	485
欧洲	3 404	512	3 325	540	2 807	468
欧盟（26）	3 168	498	3 177	531	2 750	464
欧盟（14）	833	116	1 573	262	1 639	273
欧元区	790	112	1 518	257	1 590	269

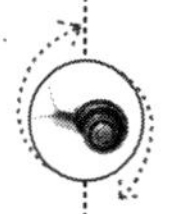

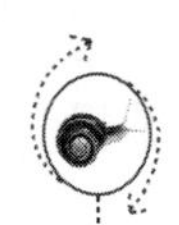

续表

领域和关键合作伙伴	2010		2011		12个月累计进口情况 2011年4月至2012年3月	
	价值	重量	价值	数量	价值	数量
新的拥护者（12）	2 335	382	1 604	269	1 111	191
非洲	26	0	2	0	2	0
美国	409	66	110	6	124	7
中东	9	0	5	0	3	0
亚洲	137	7	137	8	117	7
各个	18	1	27	4	25	3
希腊	452	74	1271	226	1 289	229
罗马尼亚	1 908	312	1 589	267	1 095	189
西班牙	153	18	170	23	227	32
日本	100	6	117	8	93	7
美国	386	63	46	4	61	5
瑞士	64	4	62	4	57	4
加拿大	6	1	52	1	52	1
英国	42	4	54	5	49	4
法属波利尼西亚	15	1	24	2	24	2
芬兰	48	3	30	2	21	1
立陶宛	133	37	9	2	9	2
卢森堡	55	7	3	0	3	0
捷克共和国	90	14	3	0	3	0
匈牙利	201	19	0	0	2	0
俄罗斯	172	10	86	5	0	0
其他国家	178	13	90	9	93	9

表 3.11 2010—2011 年世界蜗牛主产国的市场行情与变化（2）

（进口毛数据；价值单位：千欧；重量单位：吨）

领域和关键合作伙伴	2010		2011		12 个月累计出口情况 2011 年 4 月至 2012 年 3 月	
	价值	重量	价值	重量	价值	重量
累计	11 662	2 081	12 540	2 165	12 177	2 114
欧洲	10 844	1 776	11 927	1 947	11 580	1 898
欧盟（26）	8 334	1 317	9 199	1 453	8 862	1 408
欧盟（14）	2 599	507	4 870	748	4 739	721
欧元区	2 897	541	4 821	736	4 717	716
新的拥护者（12）	5 735	810	4 329	705	4 123	687
非洲	3	2	20	9	26	11
美国	0	0	6	1	11	2
中东	0	0	0	0	1	0
亚洲	804	300	587	208	559	203
各个	11	3	0	0	0	0
火鸡	2 166	394	2 551	459	2 529	454
希腊	2 410	363	2 813	424	2 399	364
比利时	2	1	1 800	223	2 059	258
罗马尼亚	1 918	263	1 168	176	998	155
保加利亚	150	21	667	114	925	158
立陶宛	1 036	147	555	97	673	120
波兰	767	109	747	119	662	107
捷克共和国	1 015	151	895	137	590	88
印尼	786	300	568	208	493	183
匈牙利	525	78	297	62	275	59
阿尔巴尼亚	218	40	0	0	0	0
塞浦路斯	324	41	0	0	0	0
其他国家	345	173	479	146	574	168

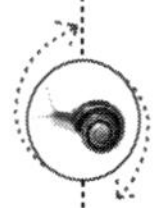

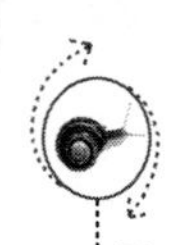

表 3.12　2010—2011 年世界蜗牛主产国的市场行情与变化（3）
（出口毛数据；价值单位：千欧；重量单位：吨）

领域和关键合作伙伴	2010		2011		12 个月累计进口情况 2011 年 4 月至 2012 年 3 月	
	价值	重量	价值	重量	价值	重量
累计	0	0	0	0	551	91
欧洲	0	0	0	0	551	91
欧盟（26）	0	0	0	0	551	91
欧盟（14）	0	0	0	0	5	0
欧元区	0	0	0	0	1	0
新的拥护者（12）	0	0	0	0	546	91
非洲	0	0	0	0	0	0
美国	0	0	0	0	0	0
中东	0	0	0	0	0	0
亚洲	0	0	0	0	0	0
各个	0	0	0	0	0	0
罗马尼亚	0	0	0	0	546	91
英国	0	0	0	0	4	0
西班牙	0	0	0	0	1	0
其他	0	0	0	0	0	0

表 3.13　2010—2011 年世界蜗牛主产国的市场行情与变化（4）

（进口毛数据；价值单位：千欧；重量单位：吨）

领域和关键合作伙伴	2010		2011		12 个月累计出口情况 2011 年 4 月至 2012 年 3 月	
	价值	重量	价值	重量	价值	重量
累计	0	0	0	0	289	41
欧洲	0	0	0	0	289	41
欧盟（26）	0	0	0	0	289	41
欧盟（14）	0	0	0	0	3	1
欧元区	0	0	0	0	3	1
新的拥护者（12）	0	0	0	0	286	40
非洲	0	0	0	0	0	0
美国	0	0	0	0	0	0
中东	0	0	0	0	0	0
亚洲	0	0	0	0	0	0
各个	0	0	0	0	0	0
俄罗斯	0	0	0	0	286	40
意大利	0	0	0	0	2	1
葡萄牙	0	0	0	0	1	0
其他	0	0	0	0	0	0

四、法国内市场

关于法国的蜗牛食用情况，我们区分以下两类蜗牛：一是从当地采集，在乡村市场上销售的蜗牛，二是销售至罐头食品企业的蜗牛。仅有第二类是可监控的。1986—1987 年罐头市场销售蜗牛 4 287 吨（相当于 10 000～15 000 吨活蜗牛），其中 27%（1161 吨）出口，73%（3 126 吨）内销。

加上 95 吨的罐头进口量，法国罐头食用量达到 3 221 吨（相当

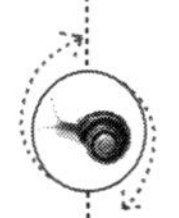

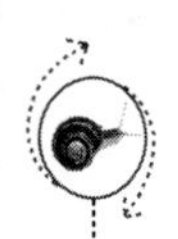

于10 000吨活蜗牛）。

1987年，有23家法国企业加工该类产品，前5家企业所占市场份额超过81%（数据来源：法国罐头食品联合会）。

小灰蜗牛罐头占市场的1.5%（70吨），其余部分由大体型螺旋蜗牛罐头（34.5%罗曼蜗牛，32%亮大蜗牛）和非洲大蜗牛罐头（32%）占据。

过境的蜗牛罐头的原料来自野生活蜗牛或冷冻蜗牛肉。小灰蜗牛罐头的进口份额最初较小，1980—1987年更是出现下滑趋势（图3.4）。

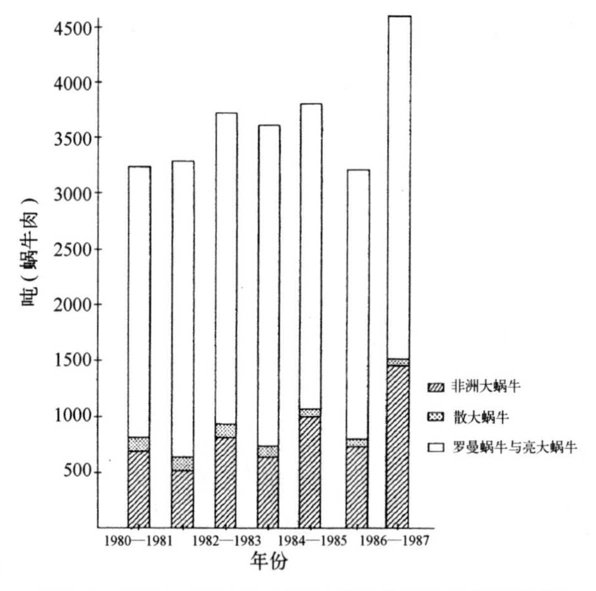

图3.4　1980—1987年法国各类蜗牛罐头的储存份额

直到现在，由于生产量较小且需要生产成本，养殖者并未在罐头行业占有可观的市场份额，但这一目标仍然可以在有组织的竞争下实现。

我们思考了蜗牛罐头市场的未来。如同其他商品的生产，主要的经销渠道决定生产技术。蜗牛养殖应通过高产量、低成本来进入不可避免的生产力竞争中。在这种情况下，我们有必要全面地重新考虑养殖问题。

围绕着小型加工工厂，一个新的市场迅速发展起来。为满足挑剔的客户群，精细加工的商品多种多样。1988 年，这些小型工厂加工了 300 吨家养小灰蜗牛。4 年来，该生产量逐年递增。面对加工成罐头的 68 吨蜗牛肉（相当于 200 吨活蜗牛），家养与野生小灰蜗牛在法国国内的竞争力及发展空间目前已旗鼓相当。

第二节　关于养殖方面的经济数据

在这章中给出蜗牛养殖的资产负债表是具有风险的，因为目前不论是关于生产结构还是营销链，每一种情况都有其特殊性，因此，在这里我们仅能给未来养殖者提供一种思路。

一、关键市场的提前调研

需要考虑的第一点便是销售市场。是创造新市场还是利用已存在的营销链？回答该问题应考虑三个重要要素：

（一）什么产品

简而言之，蜗牛分三种类型出售：活蜗牛；预烹饪：沸水煮过、去壳、通常冷冻；已烹饪：加过不同佐料（黄油、酱等）、冷冻、消过毒或者速冻。

（二）数量多少

市场大小决定应该生产的数量，其同时也受供应规律和季节规律影响。

（三）什么价格

产品的销售价格决定了养殖者的利润空间。养殖者的自由度取决于生产成本，其操作空间相对有限。

对这三个要素的准确定位使经营更具可行性。

二、市场对生产的影响

目标市场决定养殖者能够或应该给予的投资。

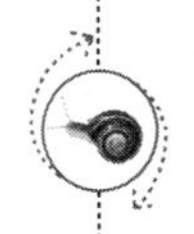

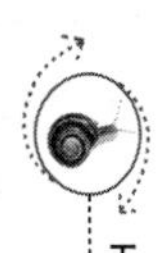

（一）加工车间

养殖者有必要使预烹饪或已烹饪的产品商品化。加工车间的创建应得到兽医服务部（La Direction des Services Vétérinaires）的许可，在计划实施过程中，建议咨询该服务部。车间的使用让产品大幅增值，但也大大增加了养殖者的工作任务和时间。生产、加工、商品化三者间的平衡应好好掌控。

（二）生产地点的面积与构造

在这里我们想到小型或大型的户外育肥地。为了达到低成本、高产量，养殖者应根据自身能力和目标来选择生产地点。

关于该主题，让我们回忆两件事：

①与大型育肥地相比，小型育肥地更多产且需要的劳动时间更多（参见“生物学”章节）。

②我们描述的生产地点归属于马涅罗实验站，其设计是为达到生物学而非经济的最佳状态。

如今，为了降低生产成本，养殖者们纷纷建立起育肥地。大型户外育肥地提供了一个令人满意的解决方案，在保持良好生产能力与抗天敌能力的同时节约了投资与劳动时间。

1989 年，一些养殖者建造了 1 000 平方米的育肥地，地下无金属网，成本在 50 ~ 100 法郎/米^2。由于缺乏实验，我们无法得知该育肥地的养殖效果及其天敌入侵的危险程度，然而这是一个在最少的资金投入下开始蜗牛批量生产的必要阶段。

（三）蜗牛苗的供应

近些年来，养殖者既是育苗者又是幼蜗牛育肥者，拥有一些保障蜗牛冬眠、繁殖、孵化、育苗的小型养殖室和育肥幼蜗牛的户外育肥地。养殖者整理出未使用过的房间来进行育苗。

育苗在投资、技术和劳动力上比单纯的幼蜗牛育肥要求更高。鉴于需求量的增加，蜗牛苗的生产面向专业化，利用全天时间来供应“幼蜗牛育肥网”。目前好几种育苗地保证了该条道路的发展。

当然，目标市场使养殖者面临下列选择：①是否应该为了扩大生产面积购买蜗牛苗？②是否应该在做好增加投资和劳动力的准备下，培育种蜗牛繁殖，自己承担育苗任务（在这种情况下，育肥阶段的投入就减少了）？

每个养殖者都应该好好考虑这个问题。

第三节　资产负债表与可进步空间

通过对一定数量的养殖情况的观察，我们得到一些经济数据，并在此基础上提出一项论证。该项论证限制了户外育肥养殖地活蜗牛的销售。我们现在罗列一些参考值，在参考情境下，经济效益取决于产量、销售价、投资与财务支出、苗种、饲料、水的成本及劳动时间（图 3.5）。

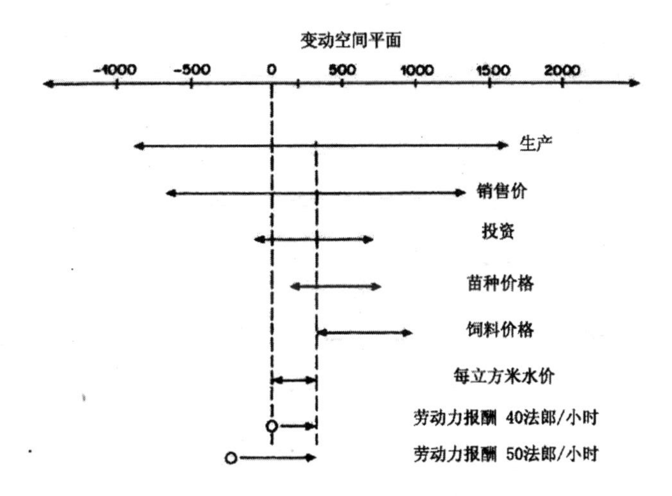

图 3.5　经济效益参考值

为了简化计算，我们以任意的一个 100 平方米的大型育肥地为例。让我们来一一分析这些变量：

①产量是其中一个养殖第二年准确记录的值。观察到的极端值分别为 1.5 千克/米^2 和 2.5 千克/米^2。我们选择 2 千克/米^2 作为参考值。

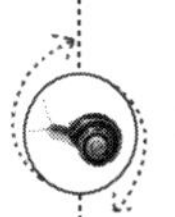

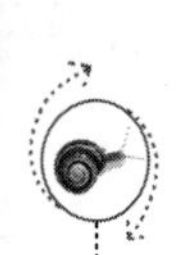

②每千克销售价与市场行情相符，随市场和季节在 25 ~ 35 法郎/千克变化。在一些特殊情况下，上下限可以扩展到 15 ~ 45 法郎/千克。我们选择 30 法郎作为参考值。

③投资如今很好地确定下来。户外育肥地的投资额在 50 ~ 100 法郎/米^2。我们猜想这笔钱是完全靠借贷得来的，估计每年的贷款利率为 10%（财务支出）。这笔贷款在 5 年内逐步还清，对于 100 平方米的育肥地来说，每年的还款额在 1 300 ~ 2 600 法郎。我们选择 1 950 法郎作为参考值。

④苗种。由于缺少参考成本价，苗种价比起前面几个变量准确度低一些。出生一天的幼蜗牛价格在 3 ~ 5 生丁，我们把 4 生丁作为参考值，即 40 000 苗种 1 600 法郎。

⑤饲料。根据定量和运输的不同，饲料价存在很大的变动空间，变动值在 2. 50 ~ 3. 50 法郎/千克。我们把 3 法郎/千克作为参考值，食物消耗指数为 1. 5，即一年 900 法郎。

⑥水。除去养殖者拥有特殊水源的情况，我们以 3. 50 法郎/米^3 来计算。

⑦劳动力。关于劳动时间的具体研究还很少，但准确的测时工作已经在马涅罗实验站开始，且面临了一些特殊情况。在一季之中，我们记录下 30 小时/人的工作时间作为参考值，其变动可达到 40 小时，每小时的参考价定在 30 法郎。

在参考收支中，我们还没有算入培训或产品商品化的时间和费用、各项税款、一些可能需要付钱的参观探访、空蜗牛壳或未成年商品蜗牛的供应。

在参考情境中，净利为 300 法郎。

最后，为了说明经济上的可进步空间，我们在表 3. 14 中简单回顾除参考利润外每个量的变化情况。

一张表格直观地展现了这些结果。毫无疑问，每个养殖者都能根据自己不断上升的养殖变量在这个理论简图找到对应的位置。

表 3.14　参考利润表

变量	参考值	最小[1]	最大[2]	利润[1]	利润[2]	参考利润
产量（千克）	200	150	250	-975	+1 575	300
销售价（法郎）	30	25	35	-700	+1 300	300
投资额（法郎）	1 950	1 300	2 600	950	-350	300
苗种价（法郎）	1 600	1 200	2 000	700	-100	300
饲料价（法郎）	900	750	1 050	450	150	300
水电价	350	0	350	650	300	300
劳动力投资	900	900	1 200	300	0	300
小时						
+10 法郎（小时）	900	900	1200	300	0	300
+20 法郎（小时）	900	900	1 500	300	-300	300

关于其他工厂的经济效益，尤其是苗种生产与蜗牛加工，由于信息量太少且过于依附特定的市场，我们无法在这里给出一种理论情境。

附录一中是一个加工与育苗工厂的特例。

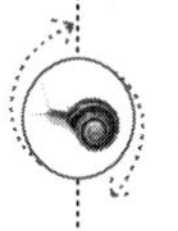

第四章　烹饪方面

内容提要：卫生；营养；药用价值；美味

在养殖方面，不管养的是什么，人类与动物间的情感都由于几代养殖的观察、用心与慢慢适应而耐心地依靠时间培养起来，对养殖结果起决定作用。蜗牛养殖者并没有忘记这点，其品尝蜗牛的热情常常是发展与蜗牛间爱情的第一关键。夏勃罗尔（Chabrol）在他青年时代于塞文山脉的著名故事中声称，如果用家猪做成的猪肉馅饼、火腿、香肠味道好，那多亏了这个家庭在宰猪前对猪的无尽喜爱。

因而，我们在此给出几个喜爱蜗牛和蜗牛养殖的客观原因，即三个为了细致地品尝家养小灰蜗牛而需考虑的新特点：卫生、营养、美味。

第一节　卫生

1651 年，出版《法国厨师》一书的出版社在发表看法时写给读者："本书……仅旨在助您保持好身体，教您如何用调味品遮盖肉类的瑕疵"。

我们在本书中介绍的养殖方法为加工者（不论所属行业是工业、罐头、肉类食品还是烹饪）提供了健康的原材料。"对于不谨慎采集的蜗牛，无需用调味品掩盖其肉质的缺陷"，因为这类蜗牛可感染疾病，带来危险。它能够吸收猛烈的毒性，或者由于年龄太大而接近自然死亡。

警惕的“蜗牛采集者”了解一部分这样的陷阱，他们建议在葡萄收获期间或结束后去葡萄园采集蜗牛，这个时期的蜗牛肥大。不幸的是，每年的这个时候，从9月15日起，蜗牛将钻入地里开始冬眠，而蜗牛数量的稀少，采集的困难使市场也无从供应。他们随后建议使蜗牛“禁食”，此说法是不准确的，其实恰恰相反，他们给蜗牛吃一种麸皮或谷物做的粉，使其把消化道里的东西完全排空，从而防止中毒。其他风险（疾病、老化）从未被考虑过，原因在于我们没有判断蜗牛年龄的简单标准。最后，如果说蜗牛是一道野味，那就应该根据野生蜗牛的管理标准来控制捕杀，以便在不考虑市场需求的情况下保护和支配我们特有的遗产。我们对许多种类动物的食用需求已通过合适的养殖得到满足，对蜗牛的食用也将同样如此。

从现在起，我们知道如何在4个月内生产出大小与体重一致的蜗牛，且仍然具有进步空间。蜗牛通过食用特定的饲料来实现生长，标志着良好的健康状况。潮湿的环境给蜗牛提供保护，保证了低死亡率。在此我们强调，蜗牛的活跃率（与死亡率相对）归因于卫生条件，环境的清洁度，这些因素影响了蜗牛的健康。

健康的产品，为所有烹饪环节提供便捷，使消费者吃得放心。

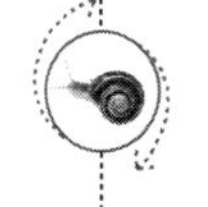

第二节　营养

蜗牛是一种食用、药用和保健价值都很高的陆生类软体动物，其食用和药用历史已经有两千多年。在国外，蜗牛是世界七种走俏野味之一，列国际上四大名菜之首。在法国有“法式大菜”之誉，在欧美等国的圣诞节中，几乎到了没有蜗牛不过节的地步。近年，中国沿海开放城市悄悄兴起食蜗牛热，每逢节假日，市场上的蜗牛都会脱销。

蜗牛在国际上享有“软黄金”美誉。它的肉嫩味美，营养丰富。

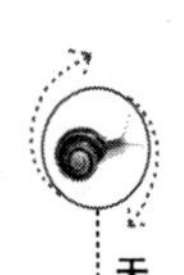

蛋白质含量高于牛、羊、猪肉，脂肪却大大低于它们，并含有各种矿物质和维生素，是体质虚弱、营养不良以及久病体弱者的食疗首选。所含的酶能化积除滞，谷氨酸和天冬氨酸则能增强人体脑细胞活力。科学家认为多吃蜗牛能对皮肤和毛发产生营养美容作用

克洛德·费什勒（Claude Fischler）很好地总结了我们发达社会的悖论，即发达社会既热衷于饮食，又痴迷于摄生法。美味与营养如同一对敌对的姐妹，这是一种相对较新的现象。直至17世纪，任何一道菜肴都既是食物又是药物。家养蜗牛让厨师和消费者最终消除了“饮食罪恶”，食用同时，获得快乐与健康。

在新鲜的家养蜗牛肉中，有81.6%的水，16.3%的蛋白质，0.8%的脂肪和1.3%的矿物质。每100千卡①蛋白质的重量为17.2克，因此蜗牛肉是最具营养价值的一种肉，位于所有常见肉类之首：火鸡肉：14.7克；兔肉：13.2克；鸡肉：9.7克；猪肉：6.5克；羊肉：4.3克。食用蜗牛兼顾了饮食快乐与身体健康，最终回击了“好吃的我都不能吃”这句1/5的法国人常挂在嘴边的抱怨。

我们希望蜗牛养殖者好好利用这一并不常见的特点。它可服务于病人，但更积极的作用是帮助健康人维持好体魄。

在此，我们发现了厨师介入的重要性，并将针对这个超出我们专业范围的领域，介绍一些法国人喜爱的成功烹饪法。

第三节　药用价值

《本草纲目》中早有以蜗牛治病的记载。近代中医学也公认蜗牛具有清热、解毒、消肿、消渴等作用，对糖尿病、高血压、高血脂、气管炎、前列腺炎、恶疮和癌症等疾病有辅助治疗作用。功效：消肿疗疮，缩肛收脱，通利小便、应用与主治：治疗肿疗毒；治疮疗初起；治瘰病；治牙齿疼痛；最近俄罗斯科学院高级

① 千卡为非法定计量单位，1千卡=4.184千焦。

神经活动和神经生理学家正在尝试用蜗牛等软体动物的神经组织治疗帕金森氏症。帕金森氏症是因为大脑黑质细胞逐步退化，并停止分泌神经传导物质多巴胺所造成的。其主要症状为肌肉僵直，手足震颤。研究发现，哺乳动物对软体动物组织的排异能力很弱，研究人员将蜗牛神经组织植入老鼠脑内，其相互兼容的时间可长达6个月以上。在进一步改进技术后，俄专家已能使蜗牛神经组织与患帕金森氏症的老鼠的脑组织融合一起，并使受损的老鼠的脑功能逐步恢复。根据上述成果，俄专家在下一阶段的研究中，将用软体动物的神经组织对患有帕金森氏症的志愿人员进行试验性临床治疗。

药用功效：其来源大蜗牛科动物回型蜗牛 Eulota similaris Ferussac，以干燥全体或活个体入药。夏秋捕捉，开水烫死，晒干；若用鲜品，临用时捕捉。

别名：天螺蛳、里牛、瓜牛；中医认为蜗牛肉性寒、味咸，有小毒。性味归经：清热、解毒、消肿、平喘、理疝、软坚、祛风、通络和凉血利尿。

功能主治：清热解毒，利尿。用于痈肿疔毒，痔漏，小便不利。用蜗牛肉研汁饮之，可治小便不通、痔疮肿痛，慢性咽痛和鼻血不止等症。

将蜗牛焙干研末。加猪脊髓调敷患处，可有效治疗溃疡。

用法用量：0.002 5 ~ 0.005 千克，研末或入丸散剂服。外用适量，研末或鲜品捣烂敷患处。

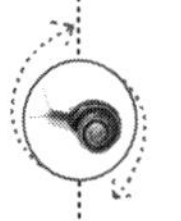

第四节　美味

在法国的烹饪艺术中，蜗牛是18世纪一个良好饮食模式的原型。一种美味吃法是在调味汁中加入黄油，它代替了11—15世纪用醋或酸葡萄汁调成的酸汁。17—19世纪鼓吹的女性美是拥有宽胯骨和丰满胸部，古典烹饪法中的勃垦地蜗牛符合了传统的审美标准，当然，未必符合今日的理想形象。配料：根据一定比例放

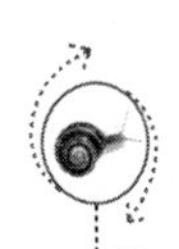

入黄油、大蒜、香葱、盐、胡椒、一点儿雷司令（Riesling）或默尔索（Meursault）葡萄酒。烹饪者更多致力于复制传统食谱，而非研究和改善菜肴的香、味及两者的协调感。应当继续保留这种传统方式来烹饪野生蜗牛。

如今，皮埃尔·特鲁瓦罗格（Pierre Troisgros）因在烹饪中使用从市场上买来的季节性产品而大获成功，阿兰·桑德朗（Alain Senderens）优先看重产品的味道，烹饪技术的演变（蒸汽、铝箔纸、饺子、真空烹饪）使消费者在品尝家养小灰蜗牛时产生了一系列新的愉悦。

小灰蜗牛将在欧洲美食界夺得一片全新的领地。在法国的普瓦图已有一些别出心裁、相当美味的烹饪法，取名为“酱汁蜗牛”或“游泳的蜗牛”。在加泰罗尼亚，蜗牛烤着吃，上面撒一点盐，或者加葡萄酒汁炖着吃。在意大利，混合着西红柿、莳萝、茴香、新鲜薄荷，人们喜欢于圣约翰节日的夜晚在罗马品尝蜗牛。在法国东部地区，香槟市、勃垦地，还有比利时，人们钟情于“勃垦地蜗牛”。在波尔多和科涅克地区，连同白葡萄酒烧的香肠，人们享受着“葡萄园蜗牛”。奇怪的是，几乎什么都吃且烹饪精细的中国人却不吃蜗牛。

法比安·格吕耶（Fabien Gruhier）理所当然地认为，单单学习并继续应用旧的烹饪法是不够的，还需研究员与大厨联手，共同开发新颖的菜肴，创造新的美食法。最近有两次，小灰蜗牛有幸出现在盛会的菜单上。1988 年 12 月 6 日，拉吉约勒的陆筑客餐厅（Lou Mazuc）主厨米歇尔·布拉（Michel Bras）在蒙彼利埃的阿尔特亚（Altéa）酒店推出了菜肴“北风菌炖小灰蜗牛”。由于宴会拥有众多令人满意的菜肴，如塞满卢卡橄榄的焦黄兔肩肉、粗根香芹炖鳟鱼、卷心菜叶烧土鸭，因此高尔特先生（M. Gault）对小灰蜗牛新颖的味道及烹饪法做出的高度评价就更引起了在场记者的注意。1987 年 12 月 24 日，法国高级美食公会（la Chambre Syndicale de la haute cuisine française）召集了 50 位名厨，旨在通过准备勒普雷卡特朗（Le Pré Catelan）餐厅的盛会菜单，来捍卫与演绎最高级别的烹饪艺术。菜单中包含了“三菇千层卷心菜烧小灰蜗牛”这道极品菜肴。

让我们从美食的巅峰走下。每一次我们都带着极其愉悦的心情，尝试着把蜗牛与多种多样的物质混合在一起，创造新口味。在烹饪好的小灰蜗牛中（即煮够需要的时间，花5分钟进行沸水浸泡与去壳工作，接着根据食谱烹饪10～20分钟），我们喜欢加入卷心菜、莙荙菜、茴香或莳萝，尤其偏好蘑菇和北风菌。在保持小灰蜗牛天然营养优势的同时，舌头尽情享受；配合着清淡的酱汁，其他感官也得到放纵，可谓大饱眼福，喷香满鼻。拥有各式各样、色香味俱全的菜肴一向是宴会成功的关键。

新烹饪法，在我国最伟大艺术家们的运用下，必将让小灰蜗牛登上中心舞台。

一、蜗牛的食用方法

（一）鲜活蜗牛的预处理

加工蜗牛产品的过程中，其初加工是关键环节之一。首先，要选择大小适中、新鲜活跃的蜗牛，将其放在温暖（18～35℃）、潮湿的容器中停食静养2～3天。每天喷水不使其干燥，以便蜗牛排出脏物，再用清水冲洗干净，就可以进入初加工阶段。用夹层锅或大铁锅将水烧沸，把缩头后的蜗牛推入锅内，蜗牛与水的比例为1∶3，加热5～10分钟，捞出后迅速用冷水冲凉，杀菁工艺即告结束，在杀菁的过程中许多细菌也同时被杀死。余下来的工作是用针状物或镊子掏出蜗牛肉，用剪刀去除内脏。在加工过程中，如遇到颜色变黑或没有粘黏的蜗牛肉时，即为在缩头前就已死亡的蜗牛，这种蜗牛肉不可食用，应分别拣出。

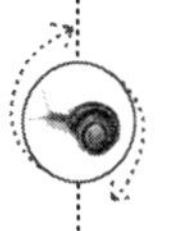

加工后的蜗牛肉以头和触角内缩、形态整齐、肉质富有弹性，并不存在异味为标准。如果达不到以上标准，则视为不合格品。在蜗牛肉表面沾满了许多黏蛋白，即蜗牛黏液。去除黏液的方法是将蜗牛肉放入2%～3%的明矾液中搓洗几分钟，即可将黏液去除干净。清除完黏液的蜗牛肉要马上进入0.5%的柠檬酸溶液中进行中和20分钟，以防蜗牛肉表面变黄、肉质变老。经过以上处理所得到的蜗牛肉即可用于产品加工了。

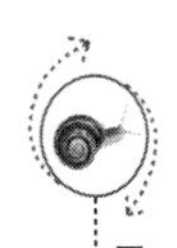

（二）蜗牛菜肴的烹调

1. 珍珠烩蜗牛

原料：蜗牛肉350克、糯米100克、鸡蛋1个、大蒜5克、洋葱、胡萝卜、芹菜适量、盐3克、味精3克、胡椒粉少许、香醋30克、绍酒30克、湿淀粉10克、芝麻油20克。

制作方法：将蜗牛肉洗净，盛入碗中，加洋葱、胡萝卜、芹菜、香醋、绍酒和适量的水，文火煮30分钟捞出，盛入碗中，加盐、味精、胡椒粉、大蒜末、蛋清拌匀入味。

将糯米淘洗干净，用清水浸泡1小时，捞出晾干备用。将蜗牛肉逐个拌上糯米，整齐排列于盘中，上笼蒸约30分钟，至糯米熟时取出。热锅中注入少许清汤，加盐、味精调好味，用湿淀粉勾芡，淋上芝麻油，浇于珍珠蜗牛上即可上席。

特色：色泽洁白，形似珍珠黏满蜗牛，质地软糯。

2. 蜜汁蜗牛串

原料：蜗牛肉250克、荸荠100克、洋葱50克、青椒50克、鸡蛋1个、菱粉适量、小苏打少许、盐2克、味精1克、蜂蜜80克、胡椒粉少许、湿淀粉10克、竹签（15厘米）20支。

制法方法：选体形较小的蜗牛肉洗净，盛入碗中，加盐、味精、胡椒粉、蛋清、小苏打、菱粉拌匀入味，荸荠、洋葱、青椒分别改刀成1厘米见方的丁。

取竹签洗净，入沸水锅略烫，分别逐个穿上荸荠丁、蜗牛肉、青椒丁、洋葱丁，制成生坯。

热锅中注入食油 1 000 克，至八成热时，迅速推入生坯，过油约半分钟捞出，热锅中留少许油，注入蜂蜜，加适量水和盐，至沸后用湿淀粉勾芡，推入蜗牛串，翻锅拌匀芡汁，淋上少许食油，装盘即可上席。

特色：色泽艳丽，味甜、咸、鲜，有股蜂蜜特有的芬芳。

3. 红酒焖蜗牛

主料：鲜蜗牛 15 头、蜗牛壳 15 个。

配料：洋葱 100 克、白芹 50 克、蒜末 50 克、土豆泥 500 克。

调料：番茄酱 150 克、盐 3 克、鸡精 5 克、基础汤 200 克、胡椒 3 克、红葡萄酒 150 克、黄油 20 克。

制作方法：鲜蜗牛用汤汆好，炒锅下黄油、洋葱、白芹炒香，下番茄酱炒出红油下蜗牛，用小火烧 3 分钟，调好味，下红葡萄酒用小火焖锅中蜗牛焖出红酒香味，蜗牛壳用开水煮一下起锅，将蜗牛装进蜗牛壳，放在盘中土豆泥上即成。

特色：鲜嫩、香嫩。

4. 法式焗蜗牛

原料：蜗牛肉 400 克、马铃薯 500 克、大蒜 25 克、胡萝卜 50 克、芹菜 50 克、香叶 2 片、浓牛肉汤 250 克、盐 3 克、胡椒粉少许、白脱油（黄油）100 克、色拉油 20

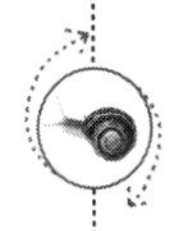

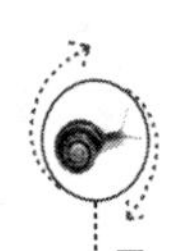

克、辣酱油20克、法国白兰地少许。

制作方法：将马铃薯上笼蒸熟，去皮，置案板上压成细泥，盛入碗中，加盐和少许白脱油拌匀。

将蜗牛肉洗净，置锅中，加洋葱（20克）、胡萝卜、芹菜（留叶待用）、香叶和适量清水煮一会儿，捞出，洗净秽物。另把洋葱、大蒜切成末。热锅注入色拉油和白脱油（30克），放入大蒜末、洋葱末、香叶炒出香味，放入蜗牛肉同炒，烹上法国白兰地，加盐、辣酱油、胡椒粉和牛肉浓汤，文火焖1小时，至蜗牛肉稍烂，收浓汤汁。

选蜗牛壳24个，洗净，上沸水锅中略烫，取出，于每个壳中酿入二枚蜗牛肉。将芹菜叶剁成泥，加大蒜末和白脱油拌匀，调成奶油泥，分别封住蜗牛壳口。

取小盘12个，利用标花嘴分别将土豆泥标入盘中，呈圆形，将蜗牛壳口朝上置于土豆泥上（每盘放2个），逐个制成；上烤炉（220～280℃），烤约20分钟，取出，每盘配上一支小叉子，即可上席。

特色：此菜为法国著名的大菜之一，也是当今最杰出的蜗牛菜之一。味香、质

嫩，奶油味浓郁，食后令人回味无穷。蜗牛壳中的汤汁可倒于土豆泥上，拌匀一起食用。

此菜的另一食法是，将同样加工好的蜗牛，盛于一有6个凹洞的不锈钢盘中，每个洞中放一个蜗牛，上炉烤制而成，可供一人食用。

5. 蜗牛色拉

主料：蜗牛10头。

配料：土豆50克、莲花白50克、什香菜50克、西芹30克、绿豌豆20克、西式火腿15克、大蒜茸5克。

调料：食盐5克、鸡精3

克、卡夫奇妙酱150克、胡椒5克。

制作方法：将蔬菜切成小方块，用开水锅煮熟，下食盐腌10分钟，除去水分。鲜蜗牛用开水锅煮5分钟，除去水分，和蔬菜一起放入鸡精，胡椒、卡夫奇妙酱拌好即可。

口味：鲜脆、微酸。口感：鲜嫩脆。

6. 哈斗蜗牛

主料：鲜蜗牛5只。

配料：酥炸粉200克。

调料：鲜奶油200克、盐3克。

制作方法：蜗牛下水锅汆、酥炸粉用水调均、下蜗牛拌匀、将蜗牛下六成油锅中炸成金黄色起锅，鲜奶油用标花咀装好，标在凉后蜗牛上即成。

口味：香甜。口感：香甜脆。

7. 鱼香酥蜗牛

主料：鲜蜗牛10只。

配料：泡辣椒100克、葱末50克、姜50克、蒜50克、鲜番茄100克、酥炸面200克。

调料：盐5克、白糖25克、味精5克、胡椒5克、香醋25克、红油100克、小米辣10克。

制作方法：将蜗牛片成两片，用汤汆一下，酥炸粉用水调匀，下蜗牛拌匀，油锅四成热，将拌匀的蜗牛下锅炸成金黄色起锅装盘，鱼香调料下锅炒香，用小碗装上和蜗牛一起上桌即成。

口味：香、脆、辣。口感：香辣。

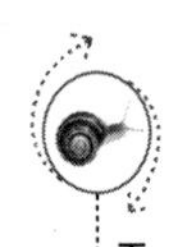

8. 兰花蜗牛

主料：鲜蜗牛10只。

配料：鸡脯肉100克、猪脊肉100克、肥膘肉100克、鲜嫩青笋2只。

调料：食盐5克、鸡精5克、葱姜汁100克、鸡蛋清5只。

制作方法：鸡脯肉、猪脊肉、肥膘洗去血污，打成茸待用，春笋去皮，切成四方形，再用小刀切成花，把肉茸放在兰花肉，肉茸上面放上熟蜗牛，上盘用大火蒸上4分钟浇汁（二流汐）即可。

口味：感鲜。口感：鲜嫩滑。

9. 荷包蜗牛

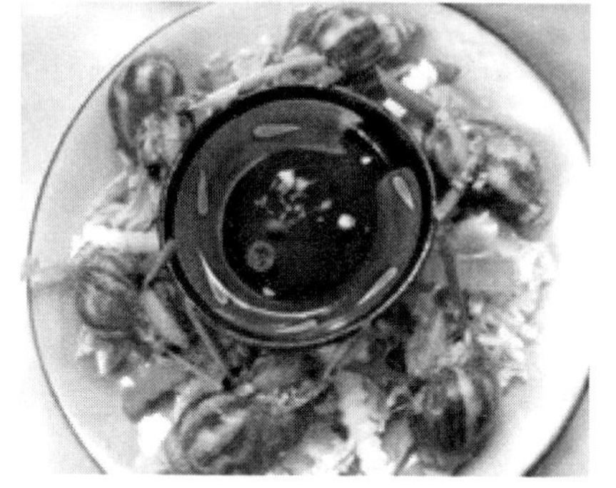

主料：鲜蜗牛10只、鲜猪脊肉300克。

配料：鸡脯肉末100克、香菇末50克、冬笋50克、云腿50克、葱花10克、姜末10克、芹菜30克、洋葱30克。

调料：食盐10克、鸡精5克、胡椒5克、老抽8克、芝麻油10克、水粉10克、鸡蛋3只、面粉200克、面包糠300克。

制作方法：蜗牛切两片连刀，用开水煮熟待用，鲜猪肉用刀切成两片连刀，用芹菜葱腌30分钟（加入盐、胡椒）。

鸡脯末、香菇末、冬笋、云腿用锅炒香，放入清汤，下蜗牛，酱油调味，放入水粉下芝麻油装盘凉后，放在两片脊肉中，拍上干面粉、封口、拖蛋液、拍面包糠，下油锅炸黄即可。

口味：香脆。

口感：香脆嫩。

10. 土豆原汁蜗牛

主料：鲜蜗牛 15 只。

配料：椰榄形土豆 250 克、洋葱 10 克。

调料：盐 3 克、鸡精 5 克、黄油 5 克、胡椒 3 克、油面 3 克、鸡汤 300 克。

制作方法：将蜗牛用水氽，再用清油煸炒，土豆用油炸黄，洋葱用黄油炒香，下鸡汤蜗牛烧出香味调味，下油面收浓汤汁即可。

口味：鲜嫩。

口感：鲜香嫩。

11. 酸辣蜗牛

原料：蜗牛肉 200 克，汤料 150 克，红油 30 克，葱花、淀粉各 15 克，食油、大蒜末、豆瓣酱各 10 克，盐 1 克，味精、白糖各 2 克，花椒、辣椒、胡椒粉少许。

制作方法：将热锅加少许食油，放进豆瓣酱，辣椒粉煸炒出香味，注入汤料，放进蜗牛肉，加盐、味精、白糖及大蒜末调味，文火收至汤汁浓时，用湿淀粉勾芡，撒上葱花，淋上红油，起锅盛于汤盘中，另将花椒粉、胡椒粉撒在蜗牛肉上。

特色：色泽酱红，蜗牛肉细嫩，麻辣烫嘴，为正宗川味。

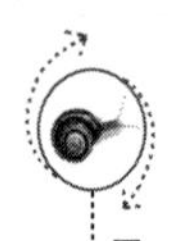

12. 五香蜗牛

原料：蜗牛 1 500 克、五香粉 10 克、火锅料 15 克、鸡精 10 克、精盐 5 克、混合油 50 克、红卤水3 000克、冰糖 10 克、姜末 10 克。

工艺流程：蜗牛治净→氽水待用→锅中下油→炒香底料→加入卤水→调入调料→打去浮沫→放入蜗牛→小火卤制→捞起切片→入盘上桌。

制作方法：将蜗牛去掉杂质，洗干净，入开水锅中氽一下，捞起在上划几刀待用。锅放火上，加入油烧五成热时，放入火锅底料炒香出味，加入红卤水及各种调料，烧开打去浮沫，过滤去渣，放入蜗牛，用小火卤制成熟，捞起冷却，切成片入盘，浇入原汁少许即可。

特点：辣香浓郁，软糯细嫩，西菜风味，特色菜肴。

13. 麻辣蜗牛

主配料：蜗牛 12 只、鸡蛋清 20 克、生菜丝 100 克。

调料：精盐 4 克、白糖 20 克、白醋 10 克、辣椒粉 10 克、花椒粉 3 克、干淀粉 30 克、色拉油 750 克（耗约 75 克）。

制作方法：将蜗牛破壳取肉，加白醋（2 克）后洗净。鸡蛋清用竹筷抽成发蛋，加入干淀粉、精盐拌匀。炒锅置中火上，加入色拉油烧至五成热，将蜗牛逐个挂上蛋面糊，放入锅中炸至浅黄色捞出，摆于盘中。盘的另一端放用白糖、白醋拌好的生菜丝，一端放用辣椒粉、花椒粉、精盐、味精拌匀的麻辣碟上席即成。

特点：色泽光亮浅黄，外酥内嫩，极富川味特色。

（三）法国现代蜗牛食品

1. 蜗牛馅饼、饺子

材料（2～3 人份）：200 克面粉、2 个鸡蛋、一勺盐、一小勺橄榄油、一小勺牛奶。

2. 蜗牛脆皮馅饼（羊肚菌、干酪）

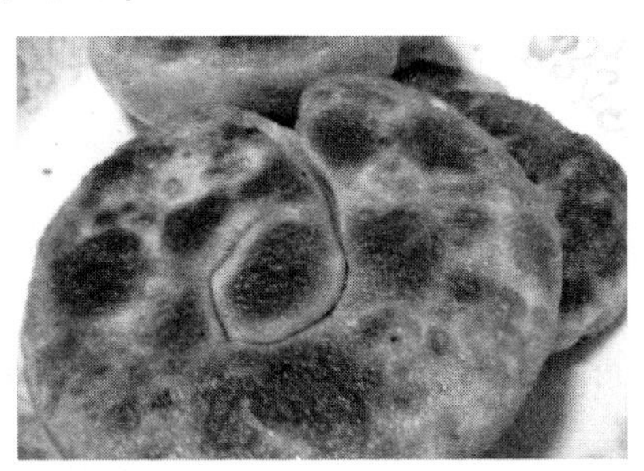

材料（4 人份）：4 个准备好的脆皮馅饼一碗蜗牛、20 个左右晒干的羊肚菌、3 个洋葱头、200 克干酪、一小瓶大豆奶油、4 颗切碎的香芹、少许橄榄油、盐和胡椒粉。

3. 蜗牛奶酪

材料（4 人份）：32 只蜗牛、200 克山羊奶酪、半捆新鲜罗勒（一种植物）、6 只新鲜薄荷叶、半个糖煮的番茄、一大勺橄榄油、一小勺辣椒、一小勺艾斯布莱特辣椒；面皮：面粉、鸡蛋、细面包屑。

4. 蜗牛馅酥饼

材料：40 只肥蜗牛（400 克）、4 个酥饼、4 只切碎的洋葱头、200 克巴黎蘑菇薄片、50 克黄油、一大勺面粉、15 厘升新鲜奶油、25 厘升白葡萄酒、切碎的香芹、盐、胡椒。

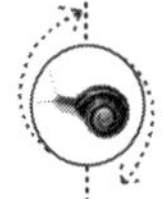

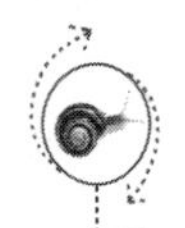

5. 白葡萄酒蜗牛

材料：20只左右肥蜗牛、75克蘑菇切成丁、75克牛肝菌切成块、20毫升白葡萄酒、25毫升鸡汤、1个洋葱切碎、半个大蒜、10克黄油、一大勺切碎的香芹、3大勺新鲜奶油、盐，胡椒。

制作方法：平底锅中放入洋葱、黄油、蜗牛，再加入白酒、鸡汤、牛肚菌、蘑菇。炖10分钟，加入新鲜奶油和大蒜，再炖5分钟，加入配料，将其放在配有切碎香芹的耐热菜盘中再煮15分钟。

6. 蜗牛煎饼

材料：200克蜗牛、2个绿柠檬、油、200克面粉、一个鸡蛋、卡宴辣椒、水、盐、胡椒。

制作方法：挤榨柠檬，将蜗牛在柠檬汁中浸泡10分钟，准备将要油炸的面团：面粉、鸡蛋、油、水、盐、胡椒、卡宴辣椒，将蜗牛跟面团混合，一勺勺地在热油中煎炸面团，作为开胃菜或前菜。

7. 塞陷蜗牛（百里香、橘子）

1天内让蜗牛吐杂，带壳放入沸水中煮，从热水中拿出，（去壳）去除肝脏，将去壳的蜗牛放入传统的葡萄酒奶油汤汁中煮，沥去汤汁。

8. 夏朗德蜗牛

1千克小灰蜗牛（约100只）；调味汤汁入味煮沸后倒掉，月桂树、香芹、迷迭香、百里香、2颗芹菜、洋葱、2颗丁香干、2颗胡萝卜、盐、胡椒。

调味汁料：浇灌、橄榄油、150克猪肉馅、火腿、西班牙小香肠、一大碗脱皮番茄、大蒜、香芹切丁、洋葱头、碾碎的面包或2大勺面粉，1升干白酒。

香料：盐、胡椒、豆蔻、辣椒、生姜。

屠宰：将活蜗牛冲洗数次，再将其放入盐沸水中煮5分钟，再拿出，冷水冲洗。

调味汤汁制作：将所有配料全部放入水中，再将蜗牛放入，沸水煮20分钟，沥干。

调味汤汁：将洋葱头再放入油中，加入肉馅、番茄、大蒜香芹馅、火腿，小火煮几分钟，将蜗牛放入其中，搅拌均匀，再倒入白酒，有需要的话可加入少许前面提到的汤汁。1小时后加入香料和面包屑，再炖15分钟。菜前加入几片香肠，调适味道。

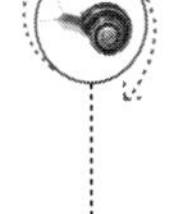

9. 黄油蜗牛

材料：约29只蜗牛、100克新鲜黄油、1大勺面包屑、2片桔子（切碎）、1小勺百里香。

将拌好的黄油塞入蜗牛点火，烘烤3分钟（先将蜗牛去除肝脏，再放入壳中）。

附　录

附录一　法兰西岛蜗牛养殖技术与生物学介绍

作者：D. VAN HAETSDAELE

法国家禽生产技术研究所会议，巴黎，1989 年

法兰西岛蜗牛养殖技术

Ⅰ. 蜗牛养殖动机

蜗牛养殖业在穆瓦塞勒市发展良好，有如下几点原因：

· 蜗牛消费者的口味固定

· 对丢弃农作工具、放弃耕种土地的年轻农民进行技能培训

· 使用旧养殖房

· 巧妙选址，使产品更易销售

Ⅱ. 蜗牛养殖的具体方法

培训

由家禽生产技术研究组织的理论实习在雷恩的拉朗德杜布惹里（La Lande du Breil）农业学校进行。

实习

在参观巴黎农业展时，家禽生产技术研究所展出的一个养殖方法看起来很有意思，所以我报名参加了 1986 年 4 月的会议。

实习期间，圣伊莱尔（Saint – Hilaire）先生的养殖获得了鼓舞人心的成绩，一些实践实习都在他这里开展，与此同时我们也决

定应用该养殖方法。

我们希望以零售的方式在养殖场销售自己的产品，因此需要在兽医服务部的许可下创建一个车间。

Ⅲ. 设施性质

养殖

繁殖室

种蜗牛（小灰）安置在保护罩下。

没有育苗室（赢利为先）。

户外采用小型育肥地，更易管理，蜗牛生病时提供最佳防护，最好的养殖效果，但成本更高，为长时间使用而设计。

一间二手低温室，用于种蜗牛和育肥地未成年蜗牛的冬眠。

制品

所有蜗牛被商品化加工。加工在一间经兽医服务部许可的车间（一个负责速冻、包装、销售的小房间）中进行。

商品化

在养殖场销售。

到餐厅、猪肉食品店上门推销。

由小型卡车送货上门。

利用灯光招牌和木牌做广告。

Ⅳ. 总投资

表1　户外育肥地规定资产设备投资

项目	投资
户外育肥地	215 781 46
材料设备	64 479 05
布置、整理、安装	240 718 97
运输设备	26 400 00
办公设备	1 105 00
合计	548 484 48

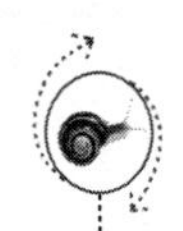

V. 养殖

我们的养殖方法相当传统。

· 2—6 月，繁殖

· 4—10 月，育肥

· 全年制作终端产品

为了保证产品的销量，有限责任公司的任一合股人全年负责上门推销。只有高品质的产品才能使我们有能力应付本地的加工商与汉吉斯（Rungis）市场（译者注：汉吉斯市场为世界最大的食品批发市场，位于法国巴黎）。

养殖、加工、商品化工作分别由 3 个人负责。

有限责任公司：合股人 1（全职）

合股人 2（兼职，时间工作为全职人员的 1/3）

雇员 1（全职）

我们的养殖目标为：增加产量，减少工作时间。

表 2　户外育肥地养殖效果

			第一年	第二年	第三年
户外育肥地每平方米产量	体重（千克）	合计	1.79	3.13	2.13
		可商品化	1.02	2.64	1.86
	数量	合计	206	357	359
		可商品化	107	220	279
一只种蜗牛繁殖量	体重（克）	合计	367	482	328
		可商品化	209,	407	286
	数量	合计	42	55	55
		可商品化	22	34	43

注意：在此计算的第二、第三年产量加入了上一年的余量（户外养殖地迎来第二次育肥）。每年的实际产量，严格来说，应减去 20%。

表 3　户外育肥地养殖产量

		第一年	第二年	第三年
种蜗牛数量		3 000	4 000	4 000
繁殖日期		2 月 20 号	2 月 20 号	2 月 20 号
繁殖时间（周）		12	11	8
繁殖量		57. 27	68	73. 90
总产量	数量	127 000	220 000	221 164
	体重	1 100 千克	1 928 千克	1 310 千克
	平均体重	8. 66 克	8. 76 克	5. 93 克
可商品化产量	数量	66 105	135 500	171 834
	体重	628 千克	1 626 千克	1 143 千克
	平均体重	9. 50 克	12 克	6. 65 克
冬眠量	数量	60 895	85 714	49 330
	体重	472 千克	300 千克	168 千克
	平均体重	7. 75 克	3. 50 克	3. 40 克
冬眠死亡率	种蜗牛	0. 3%	1. 5%	—
	幼蜗牛	2. 6%	35%	—

法兰西岛小灰蜗牛养殖经济效益

作者：G. BLOT

法国家禽生产技术研究所会议，巴黎，1989 年

养殖随之而来的结果和评价应谨慎引用，其代表的是一项开发结果，过早地下论断是危险的。尽管如此，但从目前来看，蜗牛生产是一项有收益的活动，蜗牛养殖者能够对此抱乐观态度。

为了避免在经济方面出现令人不悦的意外状况，一些规则有必要遵守，我甚至可以说这是必须遵守的：

——好好学习养殖技术，参加培训课程，参观几次养殖地。

——确定安装设施、开始全面养殖之前，先试养少量的种蜗牛（约 100 只），以便观察和了解养殖技术。

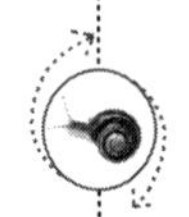

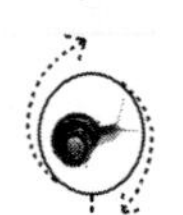

——若开始养殖，请准备好个人投资。

——若成功贷款，一年后开始偿还。

——做好第一次偿还本息的资金储备。

因此，“谨慎小心”是计算蜗牛养殖经济效益的一条规则。

这份经济效益是存在的，它即将通过小组分析得到证实。

Ⅰ. 投资

· 场地布置

· 蜗牛户外育肥地（预计2吨蜗牛）

· 工装设备

· 运输设备

· 办公设备

4 000只种蜗牛花去550 000法郎

每只种蜗牛花137.5法郎

其中户外育肥地的每只种蜗牛花55法郎

评价

户外育肥地中每只种蜗牛55法郎属于正常成本价。其他养殖户的成本价在52～57法郎。

其他投资随现有场地及其布置情况而变，因此不同的养殖情况投资的数额不同，变化范围在100～150法郎。

Ⅱ. 资金来源

1. 个人资金

50 000法郎 即12.5法郎/种蜗牛

100 000法郎 即37.5法郎/种蜗牛

2. 贷款

350 000法郎 即87.5法郎/种蜗牛

个人资金+贷款=137.50法郎/种蜗牛

Ⅲ. 折旧

按直线法或余额递减法计算，折旧期限由养殖者自行选择。

在所举事例中，养殖者选择直线计算方法，期限为10年，即

55 000 法郎/年。

55 000 法郎，221 000 只蜗牛，即 0.25 法郎/蜗牛。

如果经过加工的蜗牛卖 2 法郎，则折旧金额占销售价的 12.5%。

评价

对比其他动物的生产，这种折旧度属于正常范围。折旧率在 15%～20%时比较危险，经济效益将下跌 11 000－33 000 法郎。

Ⅳ. 生产成本

表 4　户外育肥地生产成本

可变费用	金额（法郎）	固定费用	金额（法郎）
种蜗牛的更新	0.01	折旧	0.25
喂食	0.035	财务支出	0.15
水	0.01	外部服务（维护、保险）	0.01
收集、去壳、装箱	0.10	其他服务（农业社会互助保险、广告、出行、其他）	0.05
包装	0.20	总成本	0.46
加工成本	0.055		
其他费用	0.01		
总成本	0.42		
合计费用	0.88		

221 000 只蜗牛 ×0.88 法郎 = 194 480 法郎

Ⅴ. 产品

产出的 221 000 只蜗牛中，171 000 只被商品化：

50%蜗牛肉（85 500）50%即食蜗牛（85 500）

免税销售额

蜗牛肉　　85 500 ×0.95 法郎 = 81 225 法郎

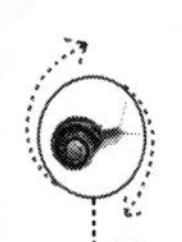

即食蜗牛　85 500 ×2. 20 法郎 =171 000 法郎

合计 252 225 法郎

储存蜗牛　50 000 ×0. 50 法郎 =25 000 法郎

开发产品总额 277 225 法郎

Ⅵ. 开发结果

产品 277 225 法郎

费用 194 480 法郎

收益 82 745 法郎

Ⅶ. 家庭可支配资源

收益　+82 745 法郎

折旧　+ 55 000 法郎

贷款偿还　−11 207 法郎

储存蜗牛　−25 000 法郎

共计　101538 法郎

即月收益：8461 法郎

总结：

从结果来看，蜗牛生产能够被视为享受全部权益的农业生产，并有资格获得好评。

即便这样，请不要忘记我一开始给出的那些规则，它们是走向成功的保证。

此实例中的结果是鼓舞人心的，它证明了蜗牛养殖者的意志和热情得到了回报。

注意：此资产负债表以附录一中介绍的养殖为参考。

附录二　中国白玉蜗牛养殖可行性简析

Ⅰ. 室内养殖设施

场地要求：养殖房楼层高部超过 3 米，前后有门窗通风。20 000 只种蜗牛饲养面积 100 平方米（室内高为 2.5 米为宜，投资 20 万元）的饲养室。四周墙及天花板衬 2 ~ 3 厘米厚的泡沫板，内贴塑料中膜一层，室内建立立体饲养笼，没柜 5 ~ 6 层饲养笼，饲养笼规格以养房决定，通常 75 厘米 ×50 厘米 ×23 厘米。每笼可投放 60 只种蜗牛，二万只种螺需饲养笼 333 个。

Ⅱ. 野外养殖规划及配套种植

1. 场地要求：野外养殖地要求附近有水源，雨天不洪涝，附近无严重污染，土壤以中性为佳。

2. 设施：野外养殖，首先要做好防逃、防偷、防天敌等各项保护措施。野外养殖地四周设置 1.2 米高的尼龙防护网作为防逃网。

3. 养殖环境：蜗牛卵的孵化：幼小的螺的饲养最好在室内（夏季种螺放养大地自产卵自行孵化即可），晚上野外温度达到 15℃以上，小蜗牛则可以放野外饲养，昼夜温度应保持相对平衡。环境要求相对潮湿。

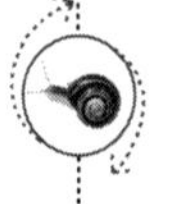

4. 种植安排：20 亩地全部种上蜗牛喜欢吃的多种蔬菜。放养蜗牛用地 15 亩，采用高密度、单养、混养均可。

Ⅲ. 投资概算

1. 室内固定设施投入：室内固定设施总投资共计 225 730 元，折旧后折合年投资 27 946 元。

1）100 平方米厂房，保温泡沫板和塑料中膜，包括吊顶用 2 × 3 木方条，投资 20 万元。按 10 年折旧，年费用 2 万元；

2）饲养笼设施笼位 333 个，每个饲养笼位 35 元，合计 11 655 元。按 5 年折旧，年费用 2 331 元；

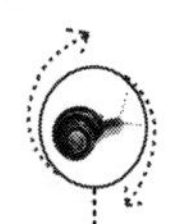

3）孵化用笼及饲养小蜗牛笼位423个，每个25元，合计10 575元。按5年折旧，年费用2 115元；

4）加温设施、以地笼灶（燃料用木材）二个，合计3 500元。

2. 室内生产投入：合计121 350元。

1）种蜗牛投入：2万只×3.5元，合计70 000元；

2）室内养殖种蜗牛需饲养员1名，饲养员工资按每月2 200元计算，饲养员工资即12×1×2 200＝26 400元；

3）室内饲养需用精饲料每天约15元×6个月×30＝2 700元；

4）野外饲养每亩50元×15亩×5个月＝3 750元。

5）青饲料250斤/天×0.3元/斤＝75元/天×180天＝13 500元；

6）其他费用全年5 000元。

3. 野外投资：合计81 600元，折旧后年投资71 600元。

1）20亩地租1.2万；

2）每亩月精饲料10斤×10次×3元/斤＝300元，20亩＝20×300＝6 000元；

3）青饲料每亩500元/夏季，20亩青饲料费用＝20×500＝10 000元；

4）消毒剂15天1次，每次30元，每月60元，20亩需要＝20×6个月×60元/月＝7 200元；

5）人工费2人×2 200×6个月＝26 400元；

6）耕种、肥料、四周围网、木桩、人工等费用15 000元。3年折旧，折合年投资5 000元；

7）管理费5 000元。

以上1、2、3三项总投资千克413 680万元，折旧年投资220 896元。

Ⅳ. 效益分析：每平方米放养蜗牛100只，商品蜗牛成活6.7×55%＝3.68万只/亩，折合商品蜗牛亩产量1 270公斤×20元＝25 413元，20亩产值＝20×25 413＝50.82万元，当年回收投资。蜗牛养殖必须采取规模养殖，规模管理，这样才让农户真正得到可观效益。

V. 市场分析和项目整体评估：白玉蜗牛综合价值很高，全身是宝，蜗牛肉是一种高蛋白、低脂肪、胆固驱于零，含有 20 多种氨基酸和人体有益酶的高级保健食品。商品蜗牛市场十分广阔，全球蜗牛制品年消费量约40 万吨，仅美国一年就需要进口 30 亿美元蜗牛制品。

我国自20 世纪80 年代开始初养白玉蜗牛至今也有 30 多年历史，白玉蜗牛养殖主要分布在南方沿海地区，随着社会的发展，人们生活水平的提高，对蜗牛的价值认识不断增强，内销市场潜力很大，蜗牛冻肉、蜗牛罐头已形成为一些宾馆、酒店餐桌上的美味佳肴。同时，以蜗牛为原料的 10 多家精加工产品相继问世。蜗牛外销前往新加坡、匈牙利、韩国、法国、澳大利亚等国客商相继提出批量供货要求。

从市场容量看，由于蜗牛食品符合天然化、野味化、营养化、保健化新潮流，国内外市场广阔，市场价格也很高。蜗牛冻肉纽约出厂价相当于人民币 362. 39 元/千克，以 6 只蜗牛为原料的一盘菜肴售价高达 18 美元，法国、西班牙等地鲜活蜗牛每千克价格相当于人民币 116. 11 元。我们已签订的出口白玉蜗牛罐头价格也达到每吨 9 000 ~ 1. 4 万美元。白玉蜗牛是我国批量选育的新品种，肉质细嫩、雪白、个体大，在国际市场上将会有更强的竞争力。近几年，国内已开发了以蜗牛为主要原料的保健食品系列、生化药品系列、复合营养饮料系列、化妆品系列、山珍野味罐头、冻肉系列等新产品，有几种治疗气管炎、前列腺炎等疾病的蜗牛药品将批量生产。

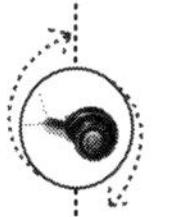

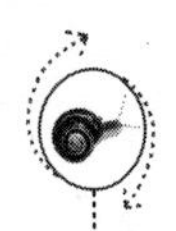

附录三　法国蜗牛专业组织

1. 蜗牛养殖领域

法国蜗牛养殖业围绕着四大块发展：

——生产

——商品化

——培训

——研究

法国农业部协调并参与蜗牛养殖活动的资金筹措工作，这些活动由该领域不同的机构开展。

2. 全国联合会（蜗牛生产集团全国联合会）

蜗牛生产集团全国联合会于 1983 年成立。

它围绕养殖者开展活动，活动范围包含几个方面。在此我们列举其中主要的：

· 协调蜗牛养殖者的行动

· 在行政机构面前代表蜗牛养殖者

· 参与推动蜗牛养殖业发展的工作和研究

· 为规范产品的市场推广提出规则

· 促进法国及国外会员的生产

· 为推动职业发展进行研究和行动

除此之外，联合会还召开信息交流会，每年通过中间机构发布 2 ~ 3 次报告，向所有会员通报养殖结果。

联合会在这一天会召集法国的 7 大机构，约 400 名会员。

总部与秘书处负责人

克洛德 · 布维耶（Claude BOUVIER）先生

巴舍连村庄 帕森市

38510 莫雷斯泰勒

会长
安娜·奥卜林（OBLIN Anne）女士
拉卡卢瓦西艾赫（La Chaloisière）路
49140 科尔尼耶

加入联合会的蜗牛生产集团名单：
——高山地区蜗牛生产专业协会（A. S. P. E. R. S. A）
蜗牛养殖场，萨瓦省农业中学
73290 拉莫特-塞沃莱克斯

——南比利牛斯地区蜗牛生产协会（A. PR. E. MI. PY.）
克拉比耶（Crabille）路 31470 圣利斯

——东北地区蜗牛养殖集团（G. H. N. E.）
圣—马尔盖尔蒂（Sainte – Marguertie）路 16 号，67200 埃克博尔塞姆

——法兰西岛蜗牛养殖集团（G. H. I. F.）
巴黎路 75 号，95570 穆瓦塞勒

——北方地区蜗牛养殖集团（G. H. N.）
莱帕蒂尔（Les Patures）村庄 27800 博斯罗贝尔（BOSROBERT）市

——西部地区蜗牛养殖集团（G. H. O.）
霞飞元帅（Maréchal – Joffre）路 31 号，35008 雷恩

——海滨夏朗德省蜗牛养殖生产工会（SYNDICAT DES PRODUCTEURS
ELEVEURS D' ESCARGOTS DE CHARENTE – MARITIME）
三小榆树路（avenue des 3 – Ormeaux）35 号，17800 蓬斯

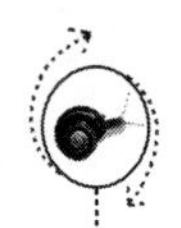

3. 未加入联合会的生产集团

与联合会相比，一些集团更喜欢保持一定的自治性，其中的原因是多种多样的。

我们着重列举一些著名的集团，也许并不包含所有的法国集团。

——利木赞-奥弗涅地区蜗牛生产协会（A. P. R. E. L.）

19370 尚伯雷

——蜗牛养殖业应用与研究协会（A. R. A. H.）

蜗牛生产协会

拉罗比尼（La Robine）市，04000 迪涅莱班

——普瓦图-夏朗德地区蜗牛养殖推销协会（HELICO）

贝尔热蒙（Bergemont）路，16300 巴伯济约—圣伊莱尔

——夏朗德地区美食与乡村旅游发展协会（HELILAND）

双磨坊（2 – Moulins）路 9 号

朗德赖 17290 艾格尔弗耶多尼

——中心地区蜗牛生产工会

陶器（La Poterie）路 76 号

18500 维尼叙尔巴朗容

4. 生产公司

——图尔蜗牛

拉杜蓝乔（La Tourangelle）农业生产合作社

米拉波（Mirabeau）路 89 号，37000 图尔

——阿尔莫雷利克斯（ARMORELIX）公司

水路（Route des Eaux），35500 维特雷

——圣通日（SAINTONG）蜗牛养殖场

三小榆树路（Rue des Trois ormeaux）35 号，17800 蓬斯

附录四　法国蜗牛养殖者得到农业部贷款资助的条件

法兰西共和国农业与森林部

开发地、社会、政治与职业管理局 农业开发地经济管理分局	贸易与生产管理局市场与生产处 动物产品与养殖管理分局 “巴尔贝-德-儒尹”路3号75700巴黎	分类：开发地经济

农业与森林部致省长夫人、先生

目标：以下列名义进行多样化生产：

——设备改善计划（PAM）（法令85－1144，1985年10月30日）

——安顿年轻耕种者（法令88－176，1988年2月23日）

——通过养殖方面的特殊放贷来实现财政计划（PSE）（法令85－1058，1985年10月20日）

执行日期：立即执行

面对多样生产重新激增的金融贷款要求，就有必要从销路、技术等方面检测其中的一些是否达标。

相关研究联合研究机构和专业组织由此展开。

你们将看到第一批得到公共资助的主要方向及条件，生产种类如下：

蜗牛	第3.9号文件	附录一
螯虾	第3.10号文件	附录二
野猪	第3.11号文件	附录三
鹿科	第3.12号文件	附录四

——展放计划——

执行	信息
省长夫人、先生	传播中心部门
农业与森林省级部门	农业与森林地区级部门主任先生

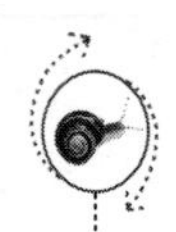

	农业与森林部	
	1985年10月30日法令	
		第39号文件
电话：49.55.56.00	关于蜗牛养殖文件	新文件1989年11月

1. 养殖贷款可受理性：除了要符合“设备改善计划”中的一般条件外，养殖还要满足以下特殊条件。

2. 允许申报的蜗牛种类：

——螺旋散大“小灰蜗牛”

——螺旋散大“大灰蜗牛”

还有一种例外，便是勃垦地螺旋罗曼蜗牛的试验性养殖。

3. 养殖特点：只能是混合养殖，包括养殖房中的繁殖期（可能含有育苗期）和紧接着的户外育肥地的生长期。

4. 最小生产量：

销售目标	计划末需要生产和商品化的最小蜗牛数量
成品与半成品	50 000
蜗牛肉+壳	75 000
活蜗牛	100 000

5. 卫生要求：必须咨询“动物健康及动物饮食卫生保护兽医服务部”（Les services vétérinaires de santé et de protection animale d’hygiène alimentaire），服务部将自“自然界行动项目”（PAMO）的启动之日算起，两个月后发表意见。超过两个月，若没有答复，状况将被视为良好。

6. 市场推广：生产商将进行市场调研，弄清每种产品的销路前景。

7. 投资要求：

——布置现有养殖房

——隔热

——控温、湿、光照系统

——养殖设备及附件

——低温室

——户外育肥地

——种蜗牛

——布置车间

——加工设备

——储存设备

第3.9号文件 附录一

第5002号通函 1986年1月9日

关于蜗牛生产的注意事项：

Ⅰ. 消费

法国人的蜗牛食用量是巨大的，换算成活蜗牛，重量在30 000~40 000吨。法国是世界第一蜗牛消费国，因此拥有良好的加工手段。

经合组织中的蜗牛消费国有：比利时、美国、日本、联邦德国。其中联邦德国作为蜗牛二次分配中心，还处于优势地位。

Ⅱ. 贸易

几年来，法国进口的新鲜蜗牛、冷冻蜗牛、即食蜗牛将近7 000吨，相当于18 000吨活蜗牛。起初，我们的供应商为欧洲邻国：联邦德国、比利时、瑞士；接着，我们开始联系东部的国家：南斯拉夫、匈牙利、捷克斯洛伐克、希腊、土耳其；随后是北非国家：突尼斯、阿尔及利亚；近东国家：叙利亚；远东国家：中国、中国台湾、菲律宾、印度尼西亚和前不久联系的苏联。蜗牛供应商的东迁反映了蜗牛自然资源逐渐稀少的现象。

过去我国进口原材料、出口加工产品的形象已渐渐变得模糊，如今我国蜗牛进口量增加，1988年达到1 780吨，其中1 400吨来自希腊。

1988年出口量约达2 000吨，其中1 900吨是加工产品（即食蜗牛），主要目的地为联邦德国（540吨）、比利时（400吨）、美国（450吨）、日本（85吨）。

Ⅲ. 法国蜗牛生产

虽然法国在两年前还几乎不生产蜗牛，但如今的产量已接近

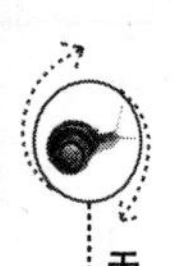

400吨。我们恰当地掌握了混合养殖技术，了解了设备、养殖操作及喂食，现有大规模养殖十余例。

Ⅳ. 可贷款条件

请参见1985年10月30日第85－1144号关于“改善农业开发设备”、1988年二月23号第88－176号关于“帮助安顿年轻农民”、1985年10月2日第85－1058号关于“养殖特殊借贷”的法令。

1. 种类

只能是螺旋散大“小灰蜗牛”和“大灰蜗牛”两种。

至于螺旋罗曼蜗牛，我们对其的了解不够充分，还未能合理地将养殖普及。除了试验性养殖，其他情况均不可获得补贴。

2. 养殖技术

经过测试的共有三种技术：

1）户外小型育肥地养殖，主要实践于大西洋地区。

2）养殖房养殖。整个养殖过程在受控条件下于养殖房完成。该项技术为集体化养殖开辟了道路，但仍处于实验阶段。

3）混合养殖，包括养殖房中的繁殖期（可能含有育苗期）和紧接着的户外育肥地的生长期。

鉴于经济效益，目前只能选择以上定义的混合养殖模式。

3. 最小生产量

为了享受资助，生产商应在计划末尾至少商品化以下数量的蜗牛。

销售目标	需要生产的蜗牛数量
成品与半成品	50 000
蜗牛肉＋壳	75 000
活蜗牛	100 000

4. 市场推广

需得到兽医服务部的许可。

由于拥有进口商品的竞争，销售活蜗牛不足以收回生产成本，建议进行第一道加工。

生产商将进行市场调研，弄清每种产品的销路前景。

5. 专业能力

根据1985年10月30日第85－1144号法令的第2－2条及1988年2月23日第88－176号法令的第2~4条规定，联合委员会或将要求申请贷款者在培训中心参加法国农业与森林部批准的技术-经济实习。

6. 投资要求

1）关于养殖：

出于成本原因，不要求建造养殖房。

要求的有：

——布置现有养殖房

——隔热

——控温、湿、光照系统

——养殖设备及附属品

——低温室

——户外育肥地

——种蜗牛

2）关于加工：

——布置车间

——加工设备

——储存设备（冰箱、冰柜、速冻柜）

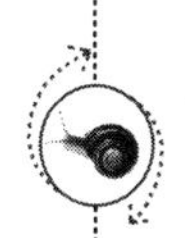

7. 推荐

- 加入一个生产集团。
- 建立起合适的养殖地后，为保证加工和商品化，重组集团。

8. 可咨询人士（无限制名单）

家禽技术学院

勒卢（LE LOUP）先生
悬岩路（rue du Rocher）28 号
75008 巴黎

法国农业科学研究院马涅罗实验站
维里翁（VRILLON）先生与博内（BONNET）先生
圣-皮埃尔-达米丽（Saint – Pierre – d' Amilly）
17700 叙热尔

生理生态实验室
理学院
达居藏（DAGUZAN）先生
博留（Beaulieu）校区
勒克莱尔将军（Général – Leclerc）大街
35042 雷恩

蜗牛养殖大学中心
理学院
德雷（DERAY）先生
25030 贝桑松

夏多法里纳区（CHATEAUFARINE）农业推广职业培训中心
维尔吉利（VIRGILI）先生与居洛（GULLAUD）先生
多勒（Dole）路 272 号
25000 贝桑松

尚贝里农业中学
戴德乐（DEDLEU）先生
赖纳赫领域（Domaine de Reinach）
73290 拉莫特-塞沃莱克斯

蜗牛生产集团全国联合会
克洛德·布维耶（Claude BOUVIER）先生
巴舍连村庄 帕森市
38510 莫雷斯泰勒

附录

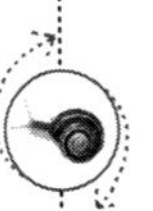

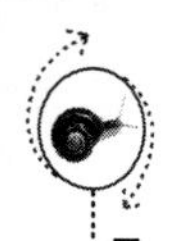

附录五　法国国家蜗牛采集规定

文件二　法国受保护的软体动物名单

环境与生活条件部及农业部，

根据：1976年七月10日第76-629号关于自然保护的法令，尤其是第3、4条；

1977年11月25日第77-1295号关于法国国家遗产保护的法令，尤其是第1条；

1978年6月21日国家自然保护理事会的意见，

决定：

第1条：在上述1977年11月25日的法令中规定，在法国，任何时候破坏、毁伤、捕捉、采集、驯化以及不论死活，运输、叫卖、使用、市场推广、出售或购买以下非家养软体动物都是禁止的。

腹足纲

螺旋蜗牛类

挖土蜗牛（螺旋 *melanostoma*）

Naticoïde 蜗牛（螺旋 *aperta*）

螺旋科西嘉蜗牛（螺旋 *tristis*）

拉斯佩尔（Raspail）蜗牛（*Tacheocapmylaea raspaili*）

尼斯蜗牛（*Macularis niciensis*）

加泰罗尼亚蜗牛（*Otala apalolena*）

坎佩尔（Quimper）蜗牛（*Elona quimperiana*）

非洲蜗牛类

Bulime tronqué 蜗牛（*Rumina decollata*）

双壳类

蚌类：

淡水贻贝（*Margaritifera margaritifera*）

第 2 条：自然保护部门主任、质量部门主任、省长和市长负责执行此项命令，它将于法兰西共和国官方报纸上发布。

执行地点：巴黎。

1979 年 4 月 24 日。

文件三　允许或禁止采集和有偿或无偿让与的蜗牛名单

环境与生活条件部及农业部。

根据：1976 年 7 月 10 日第 76－629 号关于自然保护的法令，尤其是第 5 条；

1977 年 11 月 25 日第 77－1296 号关于允许对非家养动物及非种植植物实施部分活动的法令，尤其是第 4 条；

1978 年 6 月 21 日国家自然保护理事会的意见，

决定：

第 1 条：对于下列种类的蜗牛：

勃垦地蜗牛（罗曼蜗牛）

小灰蜗牛（散大蜗牛）

Peson 蜗牛（*Zonites algirus*）

采集和有偿或无偿地让与活蜗牛样本，在每一个省通过省级永久或暂时命令都可能被允许或禁止。根据指定的蜗牛种类，相关的土地面积，规定或禁止的执行期，采集和让与的条件、受许可的获益人资质而定。

然而，这些省级法令不能违反下列国家通行条文，包括：

1. 禁止采集和有偿或无偿地让与罗曼蜗牛活体样本：

- 任何时候禁止采集和让与贝壳直径小于 3 厘米的罗曼蜗牛。
- 每年 4 月 1 日至 6 月 30 日（包含这两天），禁止采集和让与贝壳直径大于等于 3 厘米的罗曼蜗牛。

2. 任何时候禁止采集和有偿或无偿地让与未成年的散大蜗牛活体样本。

3. 任何时候禁止采集和有偿或无偿地让与贝壳直径小于 3 厘米的 Zonites algirus 蜗牛活体样本。

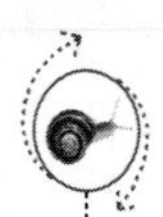

第 2 条：上一条中提到的省级法令，由省级农业部门主任根据自然保护领域的省级委员会及农业公会发表的意见提出。

当采集工作在森林中进行，就必须符合国家森林办公室管理中心的要求。

第 3 条：自然保护部门主任、质量部门主任、省长和市长负责执行此项命令，它将于法兰西共和国官方报纸上发布。

执行地点：巴黎。

1979 年 4 月 24 日。

参考文献

龚泉福. 2000. 光亮大蜗牛・散大蜗牛・白玉蜗牛——《经济动物养殖技术》丛书. 上海. 上海科学技术文献出版社. 107.

黄东海，向东山. 2015. 白玉蜗牛营养成分分析与营养价值评价. 食品工业科技，3：357－360.

李梅. 2010. 白玉蜗牛养殖要领. 农家科技，9：38.

李权林. 2001. 努力建设田园生态农业. 云南农业，3：19.

廉淑敏，赵英复. 1999 白玉蜗牛的生活习性. 吉林畜牧兽医，4：35.

刘玉亭，冉崇福. 2002. 白玉蜗牛养殖与加工. 北京. 金盾出版社：85.

马长丽，胡登林. 2011. 白玉蜗牛常见疾病诊断及治疗. 当代畜牧，9：51－53.

聂昂，伏健，戴梦南，等. 2014. 白玉蜗牛与蚯蚓混养对其产量影响的初探. 湖南畜牧兽医，2：15－17.

石务本. 1999. 白玉蜗牛的饲养管理. 中国畜牧杂志，4：47－48.

司圣勇. 2002. 白玉蜗牛塑料大棚养殖技术. 安徽农业，11：33.

谈灵珍，朱海生，童志耿. 2009. 白玉蜗牛养殖技术. 水产养殖，3：18－20.

万春. 2009. 白玉蜗牛的繁殖技术. 农家顾问，6：28.

王信保，唐保华. 2003. 我国食用蜗牛的主要品种. 吉林农业，6：34.

《无公害白玉蜗牛　第1部分：繁殖技术规范》. 浙江省地方标准. DB33/T574. 1－2005.

《无公害白玉蜗牛　第2部分：养殖技术规范》. 浙江省地方标准. DB33/

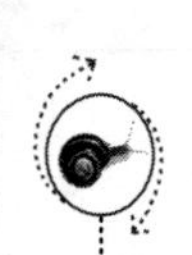

T574. 2 -2005.
《无公害白玉蜗牛 第3部分：质量安全要求》. 浙江省地方标准. DB33/T574. 3 -2005.
吴春金，张树金，朱明亮，等. 2006. 白玉蜗牛工厂化养殖技术探讨. 饲料世界，6：57 -58.
吴世豪. 2004. 白玉蜗牛养殖前景及技术详解. 中国乡镇企业技术市场，12：38 -40.
肖玉英，肖建桥，余志高，等. 2009. 白玉蜗牛养殖新技术. 现代农业科技，4：224.
谢宝昌. 1991. 白玉蜗牛野外养殖技术. 农业科技通讯，1：25.
徐辉棋，胡情祖，胡长战，等. 2012. 室内白玉蜗牛养殖技术要点探析. 北京农业，21：114.
殷钰，王健儿，刘志红，等. 2010. 吊瓜套养蜗牛生态高效种养模式技术. 中国园艺文摘，3：26，138.
张树金，郑福春. 2002. 白玉蜗牛饲养管理技术措施. 河南畜牧兽医，8：29 -30.
张玉友. 1995. 白玉蜗牛养殖技术问答. 北京. 新华出版社：143.
朱国平. 2004. 蜗牛养殖缘何失败. 致富之友，11：21.
ANDRE J. , 1966. —Alimentation et cuisine à Rome.
ARNOULD P. , 1983. —Importation du tri au cours de la phase nursery pour l'élevage en bâtiment contrôlé de l'escargot《Petit - gris》. Journée Nationale de l'Héliciculture ITAVI.
AUBERT C. , 1987. —Mémento de l'éleveur d'escargots. Ed. ITAVI.
AUBERT C. , 1989. —Le marché de l'escargot. Journée nationale de l'Héliciculture, ITAVI - FNGPE.
AUPINEL P. , 1984. —Etude de l'importance de l'hibernation pour la reproduction de l'escargot《Petit - gris》Helix aspersa Müller (Mollusque, Gastéropode, Pulmoné). D. E. A. de l'Université de Rennes I, 40 p.
AUPINEL P. , 1984. —Importance de la durée d'hibernation artificielle chez des escargots《Petit - gris》prélevés dans la nature à différentes époques de l'année. Journée Nationale de l'Héliciculture ITAVI.
AUPINEL P. , 1986. —Importance de la photopériode sur l'hibernation des jeunesescargots《Petit - gris》Helix aspersa Müller. Journée Nationale de l'

Héliciculture, ITAVI.

AUPINEL P. , DAGUZAN J. , 1987. —Etude du rôle de la photopériode sur l' activité métabolique des jeunes escargots 《Petit - gris》 (Helix aspersa Müller) et mise en évidence de l' existence d' une phase photosensible. Haliotis, 19, 47 -55.

BAILEY S. E. R. , 1981. —Circannual and circadian rythms in the snail Helix aspersa Müller and the photoperiodix control of annual activity and reproduction. J. Comp. Physiol. , 142, 89 -94.

BARATOU J. , 1981. —Les escargots. Guide pratique de l' éleveur amateur. Ed. Solarama.

BARNHART M. C. , 1983. —Cas permeability of the epiphragm of a tenestrial snail, Odala lactea. Physiol. Zool. , USA, 56 (3), 436 -444.

BLANC A. , 1986. —Le rythme d' activité de l' escargot 《Gros - gris》. Journée Nationale de l' Héliciculture, ITAVI.

BLANC A. , BUISSON B. , PUBLIER R. , 1987. —Comparaison des comportements locomoteurs alimentaires des escargots Helix pomatia et Helix aspersa, influence interspécifique. Journée Nationale de l' Héliciculture, ITAVI.

BLANC A. , MOUNIE C. , PUPIER R. , BUISSON B. , 1989. —Etude de la reproduction et de la croissance chez Helix aspersa maxima en lumière blanche et en lumière rouge. Journeé Nationale de l' Héliciculture, ITAVI - FNGPE.

BLOT G. , 1989. —Aspects économiques et comptables d' un élevage d' escargots 《Petit - gris》 en Ile - de - France. Journée Nationale de l' Héliciculture, ITAVI - FNGPE.

BOISSEAU R. , LANORVILLE G. , 1911. —L' escargot : élevage et parcage lucratifs, préparation culinaire et vente. Ed. Hachette.

BONNEFOY R. , 1985. —La reproduction de l' escargot gris d' Algérie en fonction de la photopériode et des conditions d' élevage. Journée Nationale de l' Héliciculture, ITAVI.

BONNEFOY R. , LAURENT J. , DERAY A. , 1983. —Données expérimentales concernant la reproduction des escargots en élevages hors - sol (Helix aspersa, Helix aspersa maxima), et en parcs extérieurs (Helix pomatia). Journée Nationale de l' Héliciculture, ITAVI.

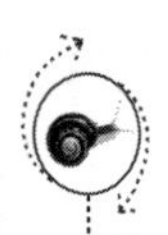

CABARET J., 1985. —Mesures d'hygiène générale pour les élevages hélicicoles. Journée Nationale de l'Héliciculture, ITAVI.

CADART J., 1955. —Les escargots. Ed. Paul Lechevalier.

CHARRIER M., 1981. —Contribution à la biologie et à l'cophysiologie de l'escargot Helix aspersa Müller. Doctorat de 3e cycle de l'Université de Rennes I, 330p.

CHEVALLIER H., 1979. —Les escargots, un élevage d'avenir. Ed. Dargaud.

CONAN L., BONNET J. C., AUPINEL P., 1989. —L'escargot《Petit-gris》Progrès en alimentation. Revue de l'alimentation animale. Septembre, 3, 24-27.

DAGUZAN J., 1980. —Contribution à l'élevage de l'escargot《Petit-gris》, Helix aspersa Müller (Mollusque, Gastéropode, Pulmoné): reproduction et éclosion des jeunes en bâtiment chauffé et contrôlé. Journée Nationale de l'Héliciculture, ITAVI.

DAGUZAN J., 1981. —Contribution à l'élevage de l'escargot《Petit-gris》Helix aspersa Müller (Mollusque, Gastéropode, Pulmoné, Stylommatophore). I. Reproduction et éclosion des jeunes, en bâtiments et en conditions thermohygrométriques contrôlées. Ann. Zootech., 31, 87-110.

DAGUZAN J., 1982. —Importance de l'hibernation et du《repos sexuel》au niveau de la reproduction de l'escargot《Petit-gris》(Helix aspersa Müller) élevé en bâtiment contrôlé. Journée Nationale de l'Héliciculture, ITAVI.

DAGUZAN J., 1982. —Importance de l'origine des géniteurs et de leur date de capture dans la nature pour l'élevage de l'escargot《Petit-gris》(Helix aspersa Müller) en bâtiment chauffé et contrôlé: Résultat préliminaires relatifs à la phase《engraissement des escargots》, l'âge de 3 à 6 mois en bâtiment. Journée Nationale de l'Héliciculture, ITAVI.

DAGUZAN J., 1983. —Contribution à l'élevage《mixte》de l'escargot《Petit-gris》(Helix aspersa Müller): importance de la taille des jeunes et de la date de leur mise en engraissement en parcs extérieurs. Journée Nationale de l'Héliciculture, ITAVI.

DAGUZAN J., 1984. —Contribution à l'élevage《mixte》de l'escargot

《Petit - gris》 (Helix aspersa Müller) : possibilité d' utilisation de parcs d' engraissement à l' intérieur de bâtiment non aménagé. Journée Nationale de l' Héliciculture, ITAVI.

DAGUZAN J., 1984. —Contribution à l' élevage 《mixte》 de l' escargot 《Petit - gris》 (Helix aspersa Müller) : évaluation de la mortalité durant la phase 《hibernation》 et importance de la charge biotique pour la phase 《engraissement》 réalisée en parc extérieur. Journée Nationale de l' Héliciculture, ITAVI.

DAGUZAN J., 1985. —Contribution à l' élevage de l' escargot 《Petit - gris》 Helix aspersa Müller (Mollusque, Gastéropode, Pulmoné, Stylommatophore). Ⅲ. Elevage mixte (reproduction en bâtiment contrôlé et engraissement en parc extérieur) : activité des individus et évolution de la population juvénile selon la charge biotique du parc. Ann. Zootech., 34 (2), 127 - 148.

DAGUZAN J., 1985. —Contribution à l' élevage 《mixte》 de l' escargot 《Petit - gris》 (Helix aspersa Müller) : importance de l' hibernation, de l' âge et de la charge biotique des jeunes au cours de la phase 《engraissement》 en parcs extérieurs. Journée Nationale de l' Héliciculture, ITAVI.

DAGUZAN J., 1985. —Essaie d' utilisation de divers aliments composés pour l' élevage d' escargot 《Petit - gris》 (Helix aspersa Müller). Journée Nationale de l' Héliciculture, ITAVI.

DAGUZAN J., 1986. —Contribution à l' élevage de type 《mixte》 de l' escargot 《Petit - gris》 (Helix aspersa Müller) : importance de la taille des jeunes, de la date de leur mise en engraissement en parcs extérieurs et de la charge biotique. Journée Nationale de l' Héliciculture, ITAVI.

DAGUZAN J., BONNET J. C., 1987. —Contribution à l' élevage mixte de l' escargot 《Petit - gris》 Helix aspersa Müller : importance de la charge biotique et des abris mangeoires. Journée Nationale de l' Héliciculture, ITAVI.

DAGUZAN J., BONNET J. C., 1987. —Evolution des capacités reproductrices de l' escargot 《Petit - gris》 (Helix aspersa Müller) au cours de deux générations successives obtenues selon diverses techniques de l' héliciculture. Journée Nationale de l' Héliciculture, ITAVI.

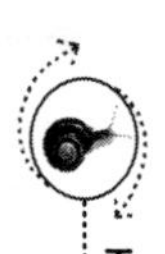

DE NOTER R. , 1909. —Elevage et Industrie de l' escargot. Ed. A. Méricant.

DERAY A. , 1982. —Conditionnement des escargots《Petit - gris》en élevage hors - sol : dynamiseme de croissance et performances de reproduction (résultats expérimentaux). Journée Nationale de l' Héliciculture, ITAVI.

DERAY A. , 1983. —Croissance et reproduction des escargots《Petit - gris》(Helix aspersa Müller),《Gros - gris》(Helix aspersa maxima) et escargots de Bourgogne (Helix pomatia) : résultats expérimentaux. Journée Nationale de l' Héliciculture, ITAVI.

DU CHATENET G. , 1986. —Guide des coléoptrèes d' Europe. Editions Delachaux et Niestle. Neuchâtel - Paris, 482p.

ENEE J. , BONNEFOY - CLAUDET, GOMOT L. , 1982. —Effet de la photopériode sur la reproduction de l' escargot Helix aspersa Müller. C. R. Acad. Sc. Paris, 294, 357 - 360.

FISCHLER C. , 1980. —Diatoires et Luctucru. Autrement, 108. 126. 133.

FLANDRIN J. L. , 1989. —Le goût a son histoire. Autrement, 108. 63.

GALLOIS L. , 1983. —Recherche sur le régime alimentaire de l' escargot《Petit - gris》Helix aspersa Müller (Mollusque, Gastéropode, Pulmoné). Mise au point de techniques d' études. D. E. A. de l' Université de Rennes Ⅰ, 40 p.

GARNIER Q. , 1978. —L' escargot et son élevage. Ed. Lechevalier.

GAUHIER F. , 1988. —Les délices du futur. Ed. Flammarion.

GOMOT L. , DERAY A. , 1987. —Les escargots. La Recherche, 186 (10), 302 - 311.

GOMOT L. , ENEE J. , LAURENT J. , 1982. —Influence de la photopériode sur la croissance pondérale de l' escargot Helix aspersa Müller en milieu contrôlé. C. R. Acad. Sc. Paris, 294, 749 - 752.

GUEMENE D. , 1981. —Recherche sur les conditions optimales de la ponte de l' incubation et de l' éclosion. Journée Nationale de l' Héliciculture, ITAVI.

GUEMENE D. , 1982. —Influence de l' origine des géniteurs et de la nature du substrat de ponte sur la croissance des jeunes escargots《Petit - gris》depuis l' éclosion jusqu' à 6 semaines. Journée Nationale de l' Héliciculture, ITAVI.

GUEMENE D. , DAGUZAN J. , 1982. —Variations des capacités reproductrices de l' escargot 《Petit - gris》, Helix aspersa Müller (Mollusque Gastéropode Pulmoné, Stylommatophore), selon son origine géographique. I. Accouplement et ponte. Ann. Zootech. , 31 (4), 369 - 390.

GUEMENE D. , DAGUZAN J. , 1983. —Variations des capacités reproductrices dc l' escargot 《Petit - gris》 Helix aspersa Müller (Mollusque Gastéropode Pulmoné, Stylommatophore), selon son origine géographique. Ⅱ. Incubation des oeufs et éclosion des jeunes. ANN. Zootech, 32 (4). 525 - 538.

HEROLD J. P. , 1981. —La viscosité de l' hémolymphe de l' escargot Helix pomatia L.), ses variations et leur conséquences sur le travail du coeur. Haliotis, 11, 115.

HOMMAY G. , 1989. —Les limaces, biologie et moyens de lutte appliqués à l' héliciculture. Journée Nationale de l' Héliciculture, ITAVI - FNGPE.

JAMES L. , 1904. —Zoologie pratique. Ed. Masson.

JEAN - CLAUDE BONNET, PIERRICK AUPINEL, et . 1990. JEAN - LOUIS VRILLON, l' escargot helix aspersa Biologie - élevage Du labo au terrain, ISBN : 2 - 7380 - 0247 - 1, INRA, Paris.

LAURENT J. , DERAY A. , 1984. —Données expérimentales concernant la croissance des escargots Helix aspersa Müller et Helix aspersa maxima en élevage hors - sol. Journée Nationale de l' Héliciculture, ITAVI.

LE CALVE D. , 1985. —Etude de l' incubation de l' oeuf de l' escargot 《Petit - gris》 (Helix aspersa Müller). Journée Nationale de l' Héliciculture, ITAVI.

LE CALVE D. , 1986. —Contribution à l' étude de l' incubation et de son influence sur la croissance des juvéniles chez l' escargot 《Petit - gris》 Helix aspersa Müller. JournéeNationale de l' Héliciculture, ITAVI.

LE CALVE D. , 1988. —Influence de l' âge sur les comportements d' accouplement et de ponte chez l' escargot 《Petit - gris》 Helix aspersa Müller. Diplôme de l' Institut Supérieur des Productions Animales. Ecole Nationale Supérieure Agronomique de Rennes, 50 p.

LE GUEN C. , 1985. —Etude écophysiologique de la croissance de l' escargot 《Petit - gris》 (Helix aspersa Müller) après une hibernation en conditions contrôlées. Journée Nationale de l' Héliciculture, ITAVI.

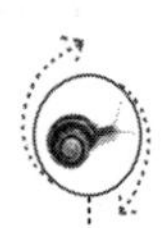

LE GUEN C., 1985. —Etude de l' hibernation des jeunes escargots 《Petit - gris》 Helix aspersa Müller et de son importance au niveau de la reprise de croissance. DEA de l' Université de Renne I, 41p.

LE GUHENNEC M. F., 1982. —Importance de la lumière sur la croissance et la reproduction de l' escargot 《Petit - gris》. Journée Nationale de l' Héliciculture, ITAVI.

LE GUHENNEC M. F., 1984. —Impact des différents facteurs lumineux sur la croissance et la reproduction de l' escargot 《Petit - gris》. Journée Nationale de l' Héliciculture, ITAVI.

LE GUHENNEC M. F., 1985. —Etude de l' influence de la lumière sur la croissance et la reproduction de l' escargot 《Petit - gris》 Helix aspersa Müller (Gastéropode, Pulmoné, Stylommatophore). Doctorat de l' Université de Rennes I, 309 p.

LOCARD A., 1884. —Histoire des mollusques dans l' antiquité.

LOCARD A., 1890. —Les huîtres et les mollusques comestibles. Ed. Baillère et Fils.

LORVELLEX O., 1982. —Etude de l' activité et de l' hibernation chez l' escargot 《Petit - gris》. Journée Nationale de l' Héliciculture, ITAVI.

LORVELLEX O., 1984. —Potentialité d' entrée en hibernation artificielle chez des escargots 《Petit - gris》 prélevés dans la nature à différentes époques de l' année. Journée Nationale de l' Héliciculture, ITAVI.

LORVELLEX O., 1988. —Contribution à l' étude des caractéristiques écophysiologiques et chronobiologiques de l' activité de l' escargot 《Petit - gris》 Helix aspersa Müller (Gastéropode, Pulmoné, Stylommatophore). Doctorat de l' Université de Rennes I, 285p.

MADEC L., 1983. —Etude de la différenciation de quelques populations géographiquement séparées de l' espèce Helix aspersa Müller (Mollusque, Gastéropode, Pulmoné). Aspects morphologiques, écophysiologiques et biochimiques. Doctorat de l' Université de Rennes I, 385p.

MADEC L., 1983. —Etude des variations des capacités reproductrices del' escargot 《Petit - gris》 Helix aspersa Müller (Mollusque, Gastéropode, Pulmoné) en fonction des conditions climatiques et de l' origine des reproducteurs. DEA de l' Université de Rennes I, 41p.

MADEC L. , 1983. —Importance des conditions climatiques et de l' origine des individus pour la reproduction de l' escargot《Petit - gris》en élevage sous bâtiment contrôlé. Journée Nationale de l' Héliciculture, ITAVI.

MADEC L. , 1986. —Influence de quelques facteurs sur la reproduction de l' escargot《Petit - gris》 (Helix aspersa Müller). Journée Nationale de l' Héliciculture, ITAVI.

MADEC L. , 1989. —Etude de la différenciation de quelques populations géographiquement séparées de l' espèce Helix aspersa (Mollusque, Gastéropode, Pulmoné). Aspects morphologiques, écophysiologiques et biochimiques. Doctorat de l' Université de Rennes I, 380p.

MEYNADIER G. , 1982. —Le point sur le parasitisme et la prédation. Journée Nationale de l' Héliciculture, ITAVI.

MORAND S. , 1983. —Importance du parasitisme observé chez l' escargot《Petit - gris》. Journée Nationale de l' Héliciculture, ITAVI.

MORAND S. , 1983. —Recherches préliminaires sur quelques cas de prédation et de parasitisme observés chez l' escargot《Petit - gris》Helix aspersa (Mollusque, Gastéropode, Pulmoné). DEA de l' Université de Rennes I, 40p.

MORAND S. , 1984. —Le parasitisme (principalement les nématodes) des escargots《Petit - gris》en élevage. Journée Nationale de l' Héliciculture, ITAVI.

MORAND S. , 1985. —Cycles de développement de quelques nématodes associésà l' escargot《Petit - gris》. Journée Nationale de l' Héliciculture, ITAVI.

MORAND S. , 1986. —Etude des nématodes associés à l' escargot《Petit - gris》(Helix aspersa Müller) : biologie et lutte. Journée Nationale de l' Héliciculture, ITAVI.

MORAND S. , 1988. —Contribution à l' étude d' un système Hotes - Parasites : Nématodes associés à quelques mollusques terrestres. Doctorat de l' Université de Rennes I, 335p.

MORAND S. , BONNET J. C. , 1987. —Importance des nématodes en héliciculture et méthodes de prophylaxie. Haliotis (sous presse).

PLINE L' ANCIEN, 23 - 29 ap. J. - C. —Histoire naturelle. 37 livres,

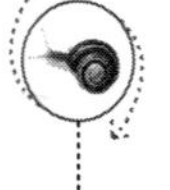

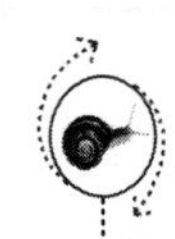

Tomes 9, 10, 11.

PUISSET B. , 1986. —Normes d' hygiène, prévention, traitements. Journée Nationale de l' Héliciculture, ITAVI.

ROUSSELET M. , 1978. —L ' élevage des escargots. Ed. Le point Vétérinaire.

SAINT - HILAIRE S. , 1989. —L ' organisation professionnelle hélicicole. Journée Nationale de l' Héliciculture, ITAVI - FNGPE.

TIXIER A. , GAILLARD J. M. , 1963. —Anatomie animale et dissection. Ed. Vigot Frères.

VAN HAETSDAELE D. , 1989. —Présentation technique et zootechnique d' un élevage d' escargots en Ile - de - France. Journée Nationale de l' Héliciculture, ITAVI - FNGPE.

VERLY D. , 1982. —Importance de la densité et de la charge biotique par l' élevage de l' escargot《Petit - gris》en bâtiment conditionné. Journée Nationale de l' Héliciculture, ITAVI.

后　记

读者现已明白最近展开的对这个小小肺螺类软体动物的调查研究满足了一些先锋养殖者的好奇心、幻想欲和创造性，从而使其努力通过养殖获得收入。本书介绍了在蜗牛养殖重新兴起后的10年里，其生物学、畜牧学及经济学的阶段性研究情况，与研究员、技术员、养殖者的共同商讨下完成。法国农业科学研究院、雷恩大学科学院与法国家禽生产技术研究所1980年受法国农业部之托，承诺了一系列活动。这些活动同时开始，但进行地点与持续时间不同。以达居藏教授为首的研究员们在生理生态学方面的研究使我们更好地了解了蜗牛的生物节律、寄生虫影响、生长及繁殖生理学。法国农科院马涅罗实验站试图提升农艺科学成果的价值，使养殖设备及生物原料符合“现代掌握养殖技术”的要求。主持着蜗牛养殖国家委员会的法国家禽生产技术研究所，作为联系不同参与者的纽带，能在实际的经济条件下快速使主要成果生效。从开始试验养殖网的建立，到后来生产商的聚集和全国联合会的成立，这一切都保证了信息的传播，使想法、提议得以永久的与现实经济情况相对照。这一承诺也许并没有完全兑现，但所做工作已取得重大进展。

小灰蜗牛的产量从1985年的10吨发展到1989年的300吨，与1988年“传统”罐头商的加工量相同。400位养殖者已加入蜗牛生产集团全国联合会。农业部通过出台未来养殖者的贷款条件，明确了这个领域活动的重要性（附录三）。

在培训方面，十年来，我们发现有5篇博士论文以蜗牛为主题，十几位蜗牛研究者获得高等深入研究文凭（Diplŏmes d’Etudes Approfondies），7 000名参观者单独或集体参观（实验站）；4家农业部认可的专业教育机构每年在法国开展不同水平的培训，50多个国家对我们的研究结果产生兴趣。

一个新兴产业从而诞生，它应该继续巩固加强，以便面对常见

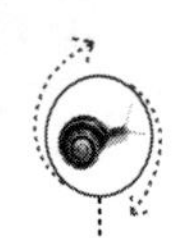

的经济挑战：东部国家廉价的劳动力，其在有偿付能力市场上销售的必要性，质疑了在烹饪末尾通过长时间炖煮来规避所有卫生风险的习惯、应补充烹饪体系的“新烹饪法”。大蒜黄油有着一种大男子主义的浓烈形象，但对真正的美食家来说，这才显出了蜗牛真实的味道。这里所提倡的保留产品卫生、营养、美味品质的技术方法打开了新的视角，已被当前的养殖者、加工者和厨师所了解。由此，他们为挑剔的顾客提供更香、更好吃的蜗牛菜肴。

我们选择的发展模式并不能避免一些由于超快的信息传播速度而引起的小偏差。比如，因为缺乏时间、观察和测试，一些养殖设备及其使用者被过早地谴责。好几家不够严格的公司推出“总包”的家禽养殖模式，如今看来，其持久性还无法保证。

人们对蜗牛产业提出了太多的问题，而研究员并不能立即得出可能的、合理的答案，催促的节奏已快过了解答的节奏。

研究员：多亏了对钙代谢的研究，蜗牛壳的坚硬度才引起高度关注；生物防治办法为在养殖中消灭蚯蚓提供了解决方案；尽管基因研究工作耗时长，投资大，但培养稳定数量的高品质种蜗牛如今已不可或缺。

生物学家：最终将产生一批竞争力强、可产优质苗种的设备；我们还应在技术上，掌控特定条件下从繁殖到生长的所有阶段。

发展学家：经过商讨，我们获得了更多关于质量、加工、新等级市场推广的特征信息。

厨师：创造营养美味的新产品并服务大众的同时，小灰蜗牛无与伦比的味道也得到提升。烹饪时，处于最佳年龄的蜗牛健康又新鲜（最迟销售期限：21 天）。如此一来，蜗牛在西方消费者的餐桌上就拥有两大优势：一用于宴饮，二健康卫生。